KB079491

유전자에 관한 50가지 기초지식

전파과학사는 독자 여러분의 책에 관한 아이디어와 원고 투고를 기다리고 있습니다. 디아스포라는 전파과학사의
임프린트로 종교(기독교), 경제 · 경영서, 일반 문학 등 다양한 장르의 국내 저자와 해외 번역서를 준비하고 있습니다.
출간을 고민하고 계신 분들은 이메일 chonpa2@hanmail.net로 간단한 개요와 취지, 연락처 등을 적어 보내주세요.

유전자에 관한 50가지 기초지식
분자유전학으로의 초대

–
초판 1쇄   1983년 09월 30일
개정 1쇄   2023년 09월 12일

–
지 은 이   가와카미 마사야
옮 긴 이   박경숙
발 행 인   손영일
디 자 인   장윤진

–
펴낸 곳   전파과학사
출판등록   1956. 7. 23 제 10-89호
주   소   서울시 서대문구 증가로18, 204호
전   화   02-333-8877(8855)
팩   스   02-334-8092
이 메 일   chonpa2@hanmail.net
홈페이지   https://www.s-wave.co.kr
블 로 그   http://blog.naver.com/siencia

ISBN   978-89-7044-629-5 (03470)

유전자에 관한 50가지 기초지식

분자유전학으로의 초대

가와카미 마사야 지음

박경숙 옮김

전파과학사

머리말

최근 분자유전학의 새로운 발견 등이 대중매체에 자주 소개되어, 유전자의 이야기가 여러 곳에서 화제가 되고 있다.

그런데 '플라스미드'라든지 '상보 염기배열의 DNA' 등 생소한 단어가 많이 등장해서인지 짧은 보도만으로는 이해하기 어렵다는 이야기도 자주 들려온다. 분자생물학에 관한 책은 많지만, 오늘날 분자유전학의 화제나 내용을 손쉽게 이해하기에는 그다지 적합하지 않은 것이 많다. 그래서 현재 수준의 분자유전학의 내용을 쉽게 이해할 수 있도록, 누워서도 읽을 수 있을 정도로 쉬운 책을 만들어 보고자 했다.

또 요즘에는 유전공학의 공과 허물이 같이 논의되고 있고, 더욱이 '유전자 조작법'이라는 무서운 마술이 조만간 인간을 파멸로 이끌지 않을까 하는 우려도 자주 화제가 된다.

내가 어렸을 때는 도깨비가 이야기 주인공의 전부였다. 그것만으로도 우리는 계속 흥미로울 수 있었다. 그러나 지금의 어린이들은 그러한 이야기에는 거의 흥미를 보이지 않는다. 새롭게 등장한 SF 이야기도 내용이 계속 바뀌지 않으면 곧 흥미를 잃고 만다. 이런 시대에 유전자 조작법은 '이야기'로서 좋은 화제거리이다.

진보해 온 유전자 과학은 우리의 가치관에 중요한 문제로 대두되었고, 유전자 조작기술도 우리 삶을 적지 않게 변화시킬 가능성이 보인다.

이러한 시기에 우리는 유전자과학의 업적과 과오를 냉철히 판단하여 향후를 그려보지 않으면 안된다. 감각적·감정적으로 평가하지 않기 위해서는 어떻게 해서라도 분자유전학의 원리, 그 자체를 이해할 필요가 있다. 보다 객관적으로 판단하기 위한 기초 정보를 될 수 있는 한 다양한 사람들에게 제공하려는 것. 그것이 이 책을 쓰는 이유의 하나이다.

이 책의 1장에서부터 3장까지는 분자유전학을 알기 위해 필요한 기초 사항을 수록했다. 생물학과 분자생물학에 익숙하지 않은 분들을 위해서다. 따라서 그런 내용을 이미 아는 이들은 4장부터 읽으면 좋을 듯싶다. 원래 이 책에서는 의학과 관계 깊은 고등생물 유전자에 대하여 주로 그 내용을 다루려 하였지만, 최근 계속 화제가 되고 있는 유전공학의 원리를 이해하기 위하여는 어쩔 수 없이 바이러스와 세균의 유전자를 알 필요가 있으므로 7장과 8장을 넣게 되었다.

쉬운 해설을 위하여 비유적인 설명이 많아졌으며, 전문 용어의 사용을 피하려는 의도에서 그 실태를 정확히 표현하지 못한 곳도 많다. 더욱 정확한 지식을 얻기 원한다면 각 장의 내용에 해당하는 입문서를 참고해도 좋겠다.

뭐라 해도 유전자는 모든 살아있는 생물의 주축이고 생명 현상의 근원이다. 이 세상에 산다는 것은 어떤 것일까. 유전자의 실태를 알면 생물을 둘러싸고 있는 대자연 그리고 그곳에 존재하는 인간의 상태를 또 다른 관점으로 바라볼 수도 있지 않을까?

　　　　　　　　　　　　가와카미 마사야(川上正也)

1

세포의 기능과 단백질

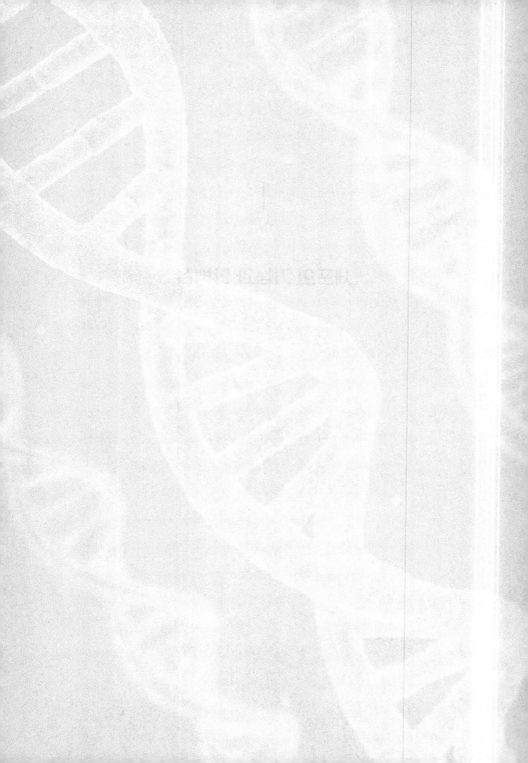

1. 자기복제공장

근대화된 자동차 공장에서는 거의 온전한 자동화가 실행되고 있다. 공작 로봇이라는 자동 작업 기계가 줄지어 서서 일체의 공정(工程)을 척척 처리하는 광경은 참으로 볼 만하다. 이 로봇은 각각 작업 분담이 정해져 있다. 어떤 로봇은 운반된 부품을 조립하고, 다른 로봇은 못을 박거나 용접을 한다. 즉, 한 대의 로봇이 여러 가지 일을 하는 것이 아니고 각각의 로봇이 한 가지 일만을 반복하고 있을 뿐이지만, 전체로서는 자동차라는 제품을 만들어 내고 있는 것이다.

생물의 세포도 이런 자동화 공장과 비슷하다. 다르다면 세포가 생산하는 제품은 곧 공장 그 자체이며, 자신과 꼭 같은 자동화 공장을 만들어 내는 것이 그 작업의 최종 목표라는 점이다.

이런 관점으로 어떤 생물 세포공장의 내부를 살펴본다면, 거기에는 '효소'라는 이름의 헤아릴 수 없이 많고 작은 공작 로봇들이 바쁘게 일하고 있는 것을 볼 수 있다. 이러한 로봇에는 수천 종류가 있는데, 그 크기와 형태가 각각 다르고 저마다 하는 역할도 다양하다.

우리가 매일 식사를 하는 것은 말할 필요도 없이 영양 섭취를 위해서다. 섭취한 영양소는 장(腸)에서 흡수되어 혈액을 통해 체내 여러 세포로 운반된다. 세포 공장의 외부로부터 제품의 재료와 에너지원에 해당되는 영양소가 들어오면, 어떤 로봇은 그것을 분해하여 제품의 소재(구성원)를 만들고, 다른 로봇은 2개의 소재를 결합하여 부품을 만들며 다시 부품들을 조립하여 로봇 자신 즉, 효소를 만들기도 한다(그림 1-1).

또 어떤 로봇들은 전력에 해당하는 에너지를 만들기 위해 미토콘드리아라고 하는 곳에 모인다. 이곳에서 협동하여 영양소를 연소시켜 제품의 조립에 필요한 동력을 공급한다. 또 다른 로봇은 대사산물(代謝産物) 중에서 불필요한 것을 공장 폐기물(노폐물)로서 세포 밖으로 버리는 역할을 한다.

이 같은 방법으로 작업이 계속되면, 제품인 로봇의 수가 증가하고 공장의 규모도 커지게 된다. 이윽고 이 공장이 일정한 크기에

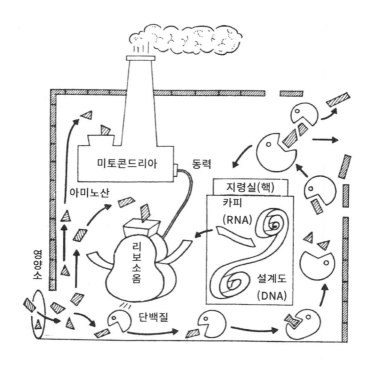

1-1. 세포라는 이름의 자동화 공장.

도달하면 그것은 분할(分割)해 두 개의 똑같은 공장이 완성된다. 이와 같은 방식으로 한 개의 세포는 그 세포와 형태, 성질이 완전히 같은 세포를 두 개씩 만들어 가는 것이다.

우리 몸에는 표피세포, 근육세포, 간장세포 등 여러 형태의 세포가 있고 각기 다른 작용을 한다. 이와 같이 성질이 다른 세포공장에서도 마찬가지로 수많은 로봇이 바쁘게 일을 하고 있다는 점에서는 다를 바가 없으나, 자세히 살펴보면 재료(영양소)를 선택하는 성향이나 폐기물(대사산물)의 모양이 서로 다르다. 그 원인은 공장에서 일하는 로봇(효소)의 종류가 다르기 때문이다.

바꾸어 말하면, 세포의 성질이나 형태가 다른 것은 그 속에 포함된 효소의 종류가 다르기 때문이다.

이 세포도 분열을 하면 원래의 세포와 똑같은 효소군을 가진 세포가 두 개 만들어지게 된다. 두 개의 세포 속에 있는 일꾼인 효소의 종류가 똑같기 때문에, 그들은 똑같은 성질을 나타내게 된다.

2. 효소 단백질의 형태

그런데 효소라는 이름의 공작 로봇은 자동차 공장의 금속제 로봇과는 달리 단백질이라는 유기물로 되어 있다. 단백질은 20여 종의 아미노산이 연결된 긴 사슬이다. 더욱이 이 사슬이 꼬이고 구부러져 실밥을 뭉쳐 놓은 실뭉치와 같은 모양을 한 하나의 결합체를 형성하게 된다.

아미노산이 연결된 사슬을 '폴리펩티드'라고 하고, 한 개 내지 수 개의 폴리펩티드가 연결된 것을 '단백질'이라 하는데, 각각의 효소들의 공작 능력이 다른 것은 단백질의 형태, 즉 폴리펩티드 연결체의 입체적인 형태가 다르기 때문이다.

말하자면 각각의 공작 로봇은 저마다 독특한 모양의 입을 가지고 있어, 특정한 재료(영양소나 대사산물)만을 취할 수 있게 되어 있다.

이 입을 가리켜 효소분자의 '활성중심' 또는 '활성부위'라 하며, 이것이 효소라는 이름의 공작 로봇이 일을 하기 위해 필요로 하는 제일 중요한 부분이다(그림 2-1).

2-1. 효소. 세포 속에는 여러 가지의 효소가 있다. 효소에는 여러 가지 종류가 있어, 효소에 따라 결합하는 물질이 다르다. 각각의 효소는 반응한 물질을 분해하기도 하고 변형시키기도 한다. 효소는 단백질로 되어 있다.

어떤 효소는 어떤 물질밖에 취할 수 없고, 결합할 수 있는 재료도 한정되어 있다. 어떤 효소가 특이하게 결합할 수 있는 물질을 그 '효소의 기질'이라 하며, 특정한 종류의 기질(基質)에만 반응하는 것을 효소의 '기질 특이성'이라 한다.

우리들의 세포 한 개 속에는 수천 종류가 넘는 효소가 있는데, 이들은 앞에서 말한 것과 같이 각각 다른 영양소와 반응하여 형태를 바꾸거나 분해하거나 또는 그것들을 연결하여 우리 몸의 새로운 세포를 만들어 내고 있다. 세포의 생명 유지, 분열, 증식에 필요한 효소는 우리 몸의 여러 세포 속에 공통으로 포함되어 있다. 그러나 어떤 종류의 효소나 단백질은 특정 세포에만 함유되어 있어 그 세포의 특수한 작용을 돕고 있다. 예를 들면, 세균을 잡아먹는 백혈구에는 세균을 죽이기 위한 여러 가지 효소단백질이 들어 있다. 또, 근육세포는 '악틴'과 '미오신'이라는 가늘고 긴 단백질을 가지고 있어, 이 단백질 다발의 수축과 이완으로 말미암아 근육으로서의 기능을 다하게 된다. 그 밖에도 간장세포, 신경세포, 골세포 등도 각각 독특한 효소와 단백질을 함유하기 때문에, 각각의 세포가 특징 있는 기능을 할 수 있게 되는 것이다.

단백질은 아미노산이 단순히 연결된 사슬인데도 왜 특정하게 '꼬이고 구부러진' 입체 구조를 유지하고 있을까? 삼각형, 사각형, 마름모꼴, 사다리꼴의 관자의 특별한 배열을 생각해 볼 수 있다. 각각의 판자에는 그림 2-2에 보인 것과 같이 볼록한 돌기와 오목한 홈이 있어서, 이것들을 서로 끼워 맞춰 연결시킬 수가 있다.

이와 같은 20가지의 관자를 특별히 아미노산이라고 보고 단백질 모형을 만들어 보자. 한쪽 끝에서부터 배열해 나가는 아미노산의 종류와 그 순서에 따라 완성된 단백질은 참으로 여러 가지 형태의 것이 될 수 있다. 그런데 여기서 주의해야 할 것은 연결하는 순서만 일정하다면 완성된 형태는 늘 일정하다는 점이다.

여기에서 보인 단백질의 모형은 한 평면에 아미노산을 배열한 평면적인 구조이지만, 실제 단백질은 사슬이 꼬이고 구부러져 입체적인 구조를 하고 있다. 그리고 이 입체적인 구조의 차이가 효소나 근육단백질 등의 기능의 차이를 결정하게 되는데, 이것은 앞에서

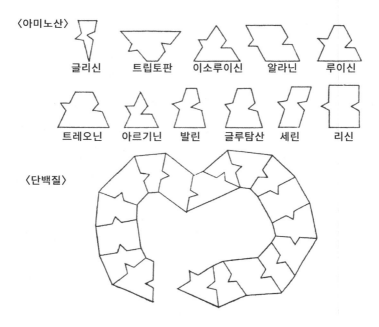

2-2. 아미노산을 연결하면 단백질이 된다. 연결 순서를 다양하게 변화시키면 완성된 단백질의 형도 변화한다.

설명한 것과 같다. 즉, 개별 단백질의 특성 차이는 아미노산 배열 순서의 차이에 기인한다. 각각의 세포는 이와 같이 여러 가지 배열 방식을 취한 아미노산으로 이루어진 여러 종류의 단백질을 많이 가지고 있어 그것들에 의해 다양한 세포의 기능이 발휘되는 것이다.

3. 단백질의 종류

단백질을 구성하고 있는 폴리펩티드는 20종류의 아미노산이 수십 내지 수백 개가 연결된 사슬이다.

아미노산의 배열 순서를 바꾸면, 실로 다양한 폴리펩티드를 만들 수 있고 따라서 구성되는 단백질도 가지가지이다.

지금, 100개의 아미노산으로 합성할 수 있는 폴리펩티드는 몇 종류가 될지 생각해 보자. 그것은

$$20^{100} = 1.27 \times 10^{130}$$

이니까 10조를 10번 곱해 합친 수보다 더 큰 수를 얻을 수 있다.

강이나 바닷가의 모래알이 다 없어질지라도
세상에서 도독의 씨(種)는 없어지지 않으리

라는 말도 있지마는 지구 위의 육지가 1m의 깊이로 모래로 덮여

있다 해도, 모든 모래알갱이의 수는 기껏해야 $10^{25} \sim 10^{26}$개이다. 앞의 1.27×10^{130}이라는 수는 은하계의 별의 수의 1000억 배의 또 1000억 배에 상당한다. 얼마나 큰 수인지 짐작이 어렵지 않다.

생물의 세포는 막대한 단백질의 리스트 중에서 각자의 생각대로 수천 종류의 단백질을 선택하여 저마다 특수한 세포공장의 기능을 유지하고 있는 것이다.

전에는 1개의 아미노산 배열을 밝혀내는 데 몇 년씩이나 필요로 하였다. 그러나 현재는 기초 준비만 되어 있으면, 아미노산 배열 자동측정기를 사용하여 수 주일이면 결정할 수 있게 되었다(그림 3-1).

'시토크롬 C(Cytochrome C)'는 세포의 호흡에 빼놓을 수 없는

3-1. 아미노산 배열 자동 측정기

효소로, 동·식물 전반의 미토콘드리아 안에 포함되어 있다. 이것은 수백 개의 아미노산으로 구성된 단백질이다.

첫 번의 것에서부터 22개까지의 아미노산 배열을 보면, 그림 3-2에서와 같이 사람 이외의 포유동물에서의 그 배열은 사람의 것과 큰 차이가 없지만, 그 밖의 동물의 것과는 다소의 차이를 보이고 효모와는 크게 다르다는 것을 알 수 있다.

헤모글로빈의 α사슬은 그림에서와 같이 종(種)에 의한 차이가 훨씬 더 크게 나타난다. α사슬 전체의 아미노산은 142개이지만, 사람과 원숭이 사이는 3.5%, 사람과 말과는 13%의 아미노산의 차이가 있다. 그리고 사람과 잉어는 전체 아미노산의 56%나 서로 다르게 되어 있다.

이 밖의 여러 효소나 항체단백질에 대해서도 아미노산 배열을 비교해 보면, 일반적으로 계통발생상 근연(近緣)의 생물일수록 아주 비슷하며, 종이 멀어짐에 따라 차가 커진다는 것을 알 수 있다.

단 한 개라도 단백질의 아미노산이 다른 아미노산으로 대치되면 단백질의 모양이 달라진다. 이로 인해 본래의 기능(효소 작용 등)도 잃어버리게 된다는 것은 앞에서도 설명한 바이다.

이와 같이 동일한 기능을 영위하는 단백질은 생물의 종의 차이에 따라 아미노산의 대치가 일어나고 있다. 그러나 결코 근거 없는 무질서한 대치는 아니다. 대개의 경우 루이신과 발린, 혹은 아르기닌과 히스티딘처럼 화학 구조가 비슷한 아미노산들끼리의 대치인데, 그들 단백질 전체의 분자 입체구조는 거의 같다. 특히 그것이 효소인 경우에는 활성중심, 즉 기질 결합 부위의 구조는 변하지 않

게 대치되고 있다. 동일한 생물 사이의 동일한 효소 사이에서 나타
나는 개체 차에 관해서도 마찬가지이며, 단백질 분자의 입체구조는
거의 같은 구조로 되어 있다. 좀 다른 이야기이긴 하지만 단백질이
나 이제부터 설명할 핵산(DNA와 RNA) 등의 생체물질은 세포의 중
요한 기능을 담당하고 있는데, 이것들은 모두 분자량 5,000 이상의
고분자 물질이다. 이 같은 생체 고분자물질은 서로 영향을 끼쳐 그

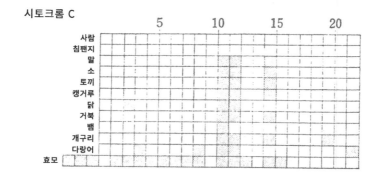

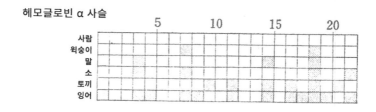

3-2. 생물종에 따라 아미노산 배열이 다르다. 여러 생물의 2종류의 단
백질에 관하여 22번째까지의 아미노산 배열을 비교했다. 제일 상단은
인간의 단백질이고 그것과 다른 아미노산은 검게 표시했다. 효모의 시
토크롬 C는 왼쪽에 여분의 아미노산을 가지고 있다.

형태를 변화시키면서 세포의 기능을 유지한다. 생체 고분자끼리의 반응은 분자량이 58.5인 식염이나, 분자량이 180인 포도당과 같은 저분자끼리의 반응과는 다른 점이 있다. 큰 분자끼리 마치 자물쇠와 열쇠같이 들어맞아 결합하거나 또는 억지로 끼어들어 상대방의 분자를 찌그러뜨리는 따위의 반응이 일어난다.

또, 고분자인 효소 단백질이 저분자의 기질과 결합하여 기질을 분해할 때도, 기질이라고 하는 열쇠가 효소 분자에 있는 열쇠 구멍으로 끼워 넣어진 후 효소단백질의 구조가 변하고, 이어서 기질의 분해가 일어난다는 것이 단백질의 X선 구조 해석 등의 결과로써 확실해졌다.

이 뒤의 장에서도 단백질이나 핵산의 기능을 거대분자의 구조와 연결 지어 이해해야 할 사항이 많이 나오게 된다.

2

유전자는 DNA

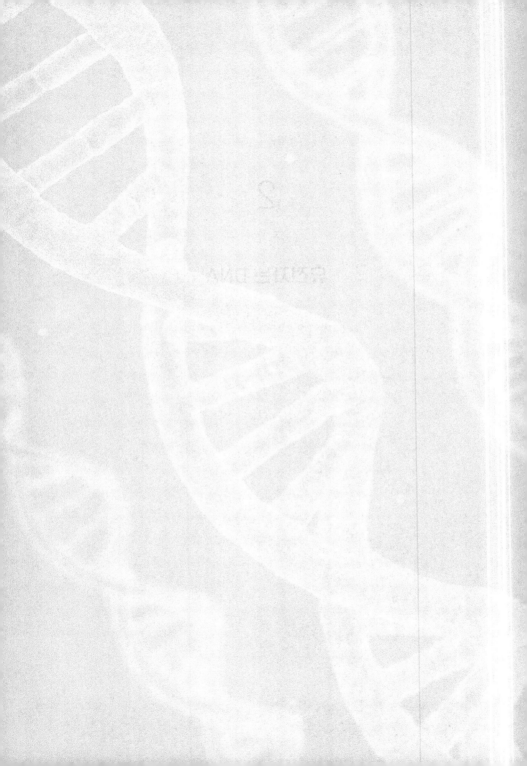

2

유전자와 DNA

4. 유전자는 단백질의 설계도

우리의 간장세포에서 어떤 종류의 효소단백질—예를 들어 포도당을 분해하는 효소—은 원숭이의 간장세포에 있는 포도당 분해 효소의 단백질과 다소 비슷한 점이 있다. 그러나 우리의 것은 사람의 독특한 형이고 원숭이의 것은 원숭이의 독특한 형이라는 점에서 약간 차이난다.

　그 차이는 그림 3-2에서와 같이 아미노산의 배열 방식이 어디에서인가 아주 조금 다르게 되어 있기 때문이라는 것도 알려져 있다. 같은 작용을 하는 효소라도 개구리나 물고기 또는 곤충과 식물의 경우에서라면 차츰차츰 아미노산의 치환이 많아져서 입체 구조가 달라진다. 우리는 인간 고유의 효소를 가지고 있어 인간 특유의 세포를 가지게 된다. 따라서 인간만의 형태와 성질을 발휘하게

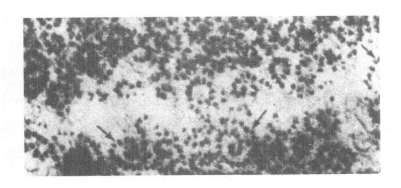

4-1. 세포 내에서 단백질 합성이 왕성히 일어나고 있는 곳. 검은 입자는 리보솜.

된다.

그뿐만 아니라, 우리의 몸 전체의 세포가 가지고 있는 수천만 종류가 넘는 단백질의 구성 세트(set)는 원숭이의 단백질 구성 세트와는 약간 다르고 개구리, 물고기, 곤충, 식물 등은 인간과는 아주 다른 단백질 세트를 갖게 된다.

우리 인간이 가지고 있는 특유한 효소군(酵素群)은 우리의 자손에게 대대로 전달된다. 또, 원숭이도 자손대대로 원숭이형의 효소를 만드는 능력을 전달하고 있다. 이것은 이와 같은 특유의 효소(즉, 특정의 아미노산 배열을 가진 단백질)를 만드는 능력이 유전자에 의해 지배되고 있다는 것을 의미한다.

그렇다면 유전자에는 아미노산의 배열 방식을 명령하여 특정의 단백질을 합성하게 할 만한 능력이 있음이 틀림없다. 실제로 분자생물학이라는 학문이 발달하면서 유전자에는 아미노산 배열을 지령하는 암호가 DNA에 의해 보존되고 있다는 사실이 밝혀졌다.

DNA는 '아데닌, 티민, 구아닌, 시토신'의 4종류의 염기와 인 및 당으로 구성되어 있다. 하나의 염기, 인(燐), 5탄당이 같이 연결된 것을 '뉴클레오티드(nucleotide)'라고 한다. 이 뉴클레오티드가 여러 가지 다양한 순서에 의해 긴 사슬을 형성하고 있는 것이 DNA이다. 4종류의 뉴클레오티드를 간단히 '아·티·구·시'로 약칭하기로 하자. 아·티·구·시의 4개 중 3개가 한 세트가 되어 1개의 아미노산을 지정하는 암호 역할을 하고 있다.

그림 4-2에는 적혈구에 포함되어 혈액의 붉은색을 나타내는 단백질인 헤모글로빈의 아미노산 배열 순서가 표시되어 있다. 헤모

글로빈은 이와 같은 아미노산이 약 150여 개 정도 배열된 폴리펩티드 사슬 4개가 모여서 되어 있다. 그림 4-2에는 그중 β사슬의 한쪽 끝의 아미노산 배열을 나타내고 있다.

예를 들어 '발린, 히스티딘, 루이신, 트레오닌의 순으로 아미노산을 연결하라'라는 명령을 내기 위한 유전자의 암호는

구티구·시아시·시티구·아시티

이다. 이 뉴클레오티드를 문자화하면 헤모글로빈의 β사슬은 146개의 아미노산으로 되어 있으므로, β사슬을 만들기 위한 암호 문장은

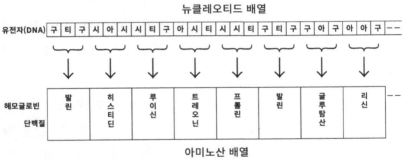

뉴클레오티드 배열

4-2. 헤모글로빈 단백질과 그 유전자 DNA. DNA에는 네 종류의 뉴클레오티드를 사용하여 암호문이 쓰여 있다. 세 개의 뉴클레오티드가 한 단위가 되어, 한 종류의 아미노산을 지정하는 단어로 되어 있다. 이 단어에 따라 만들어진 문장은 한 개의 단백질을 합성하는 설계도이다.

$3 \times 146 = 438$문자

로 되어 있으며, 이 문장이 헤모글로빈 β사슬을 합성하는 설계도가 된다.

이렇게 4종류의 문자를 3개씩 짝을 지어 적당히 배열하면 어떤 아미노산 배열을 가진 단백질의 설계도라도 만들 수가 있다.

이렇게 하여 수천, 수만 종류의 단백질의 암호문이 길다란 DNA 사슬 위에 적히고, 그 긴 사슬은 적당히 다발로 묶여져 세포 안의 핵 속에 수용되어 있게 된다.

즉, DNA는 암호문을 녹음한 녹음기의 자기테이프(magnetic tape)와 같은 것이라고 말할 수 있겠다. 우리 몸 하나하나의 세포의 핵은 전 곡목을 녹음한 자기테이프를 한 개씩 가지고 있다. 이 테이프를 '단백질 합성기구'라는 세포 안의 녹음기에 걸면, 각각의 곡목이 재생되어 저마다의 단백질이 되어 세포 안에서 활동하기 시작한다.

그러나 각각의 세포에서 전 곡목이 모두 재생된다면, 하나의 세포에서 모든 종류의 단백질이 합성되므로 모든 세포는 같은 형태를 지니게 되고, 같은 작용을 하게 되어 버린다. 그러나 실제로는 우리의 몸에는 여러 종류의 세포가 있으며 그 속 단백질의 종류도 가지가지이다.

그것은 각 세포가 테이프의 한 부분만을 선택하여 재생하고 있기 때문이다. 어떤 세포는 자기에게 불필요한 부분의 테이프는 어떤 물질로 덮어버리는 등의 방법으로 그 부분이 재생되지 못 하

32

게 한다. 그 메커니즘에 관해선 뒤에서 자세히 설명하겠다.

5. DNA의 형태

지금까지는 DNA가 한 가닥으로 된 사슬인 것처럼 말해 왔지만, 실은 DNA는 포지티브(positive)사슬과 그것에 대응하는 네거티브(negative)사슬을 합친 두 겹의 사슬로 되어 있다(그림 5-1).

DNA는 인체 모든 단백질의 설계도이므로 철저하게 보존해야 한다. 그런데 우리 주변 환경에는 유해한 화학물질이나 방사선이 가득 차 있고, 이것들이 끊임없이 DNA에 작용하여 DNA 사슬에 미세한 상처를 준다. 그치만 세포는 한쪽 DNA 사슬에 상처가 났어도 다른 한쪽의 사슬을 주형(薄型)으로 하여 복원할 수 있도록 포지티브사슬 이외에 네거티브사슬을 만들어 보존하고 있다. 이 같은 방법으로 둘도 없는 중요한 유전 정보가 핵 속에 소중히 보관되어 있게 된다.

| 포지티브사슬 | 구 | 티 | 구 | 시 | 아 | 시 | 시 | 티 | 구 | 아 | 시 | 티 | 시 | 시 | 티 | 구 | 티 | 구 | 구 | 아 | 구 | 아 | 아 | 구 | - | - |
| 네거티브사슬 | 시 | 아 | 시 | 구 | 티 | 구 | 구 | 아 | 시 | 티 | 구 | 아 | 구 | 구 | 아 | 시 | 아 | 시 | 시 | 티 | 시 | 티 | 티 | 시 | | |

5-1. DNA 이중사슬. 보통의 DNA는 이중사슬이다. DNA는 단백질 합성의 원부로서, 세포의 생명 유지에 필수이다. 그 때문에 포지티브 사슬과 네거티브사슬이 각각 복사판과 합친 상태로 세포핵내에 보존 되고 있다.

네거티브사슬과 포지티브사슬을 갖고 있는 또 하나의 이유는 분열하여 생긴 자손의 세포에 완전히 같은 유전 정보를 분배하기 위해서이다. 즉, 한 개의 세포가 두 개로 증식할 때, 한 세포에는 전부터 있던 포지티브사슬과 그것을 주형으로 하여 만들어진 새로운 네거티브사슬을, 또 한 세포에는 전부터 있던 네거티브사슬과 그 네거티브사슬을 주형으로 하여 만들어진 새로운 포지티브사슬을 각각 분배한다. 자세한 내용은 뒤에 설명하겠다.

외사슬의 DNA를 구성하고 있는 뉴클레오티드 즉 아·티·구· 시는 각기 'A·T·G·C'로 약칭되는 염기인 '아데닌·티민·구아닌·시토신'을 각각 포함하고 있다(그림 5-2).

겹사슬의 DNA에서는 그림 5-2에서와 같이 염기는 서로 마주보고 있다. 이렇게 마주보는 데는 일정한 법칙(뉴클레오티드 대응칙)이 있어, 반드시 다음과 같이 대응하고 있다.

A:T   G:C

염기와 염기는 데옥시리보스(deoxyribose)라는 당(糖)과 인산(燐酸)에 의해 연속적으로 연결돼 전체적으로 사다리 같은 형태를 취하고 있다. 이 사다리가 일정하게 꼬여서 왓슨(James Dewey Watson, 1928~, 노벨상 수상)과 크릭(Francis Harry Compton Crick, 1916~2004, 노벨상 수상)가 발견한 유명한 이중나선 구조를 형성하고 있다(그림 5-3).

세균과 같은 하등생물로부터 고등한 식물이나 우리 인간에게

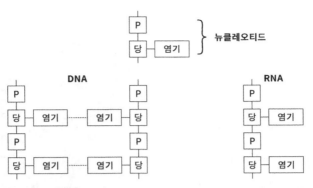

성분	DNA에는	RNA에는
인산(P) 당 염기	인산 데옥시리보오스 아데닌 (A) 티민 (T) 구아닌 (G) 시토신 (C)	인산 리보오스 아데닌 (A) 우라질 (U) 구아닌 (G) 시토신 (C)

( ) 안은 약자

5-2. 핵산의 기본 구조. DNA와 RNA를 통틀어 핵산이라 하는데, 핵산은 이 그림처럼 '염기＋당＋인산＝뉴클레오티드'의 결합체로 되어 있다.

이르기까지 생물이 가지고 있는 DNA는 모두 이와 같은 형태를 하고 있다. 포지티브사슬과 네거티브사슬로 된 겹사슬 DNA는 화학적으로도 안정하며, 외사슬 DNA보다도 DNA 분해 효소의 작용을 받기 어렵게 되어 있다.

그러나 약간의 예외는 있어서 어떤 종의 바이러스에서는 외사

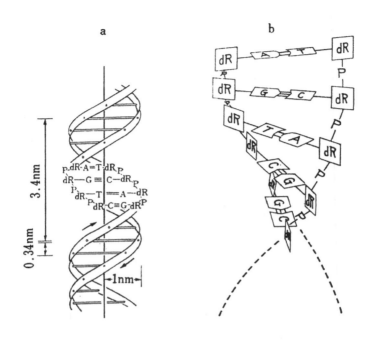

5-3. DNA의 나선 구조

a : DNA는 나선사다리와 비슷한 모양을 하고 있다.

b : 그것은 데옥시리보스와 인산을 중심으로, 염기(A=아데닌. T=티민, G=구아닌, C=시토신)의 쌍이 사다리형으로 꼬여 있다.

슬의 DNA가 유전자로 되어 있는데, 이때는 효소로 분해가 되지 않게 단단한 단백질 껍질로 싸여 있다.

또, 바이러스 중에는 DNA 대신 RNA(리보핵산)를 유전자로 이용하고 있는 것도 있다. DNA를 구성하고 있는 당이 데옥시리보스인 데 반하여, 이 RNA는 당이 리보스(ribose)로 되어 있다. 또 염기로는 DNA의 T 대신 RNA에는 U(우라실: Uracil)이 사용되고 있다. 즉, 그 뉴클레오티드의 약칭은 '우'가 될 것이다. 따라서 RNA 바이러스의 유전자 암호문은 '아·우·구·시'의 문자로 칠해져 있다. 우리 인간의 세포핵에 포함되어 있는 DNA 양을 측정하면, 핵 1개 당 DNA의 무게는 $4.8 \times 10-12g$이 된다.

인간의 DNA는 46개의 염색체 다발에 고루 나누어져 분포한다. 그중 절반은 아버지로부터, 나머지 절반은 어머니로부터 온 것이다. 따라서 절반의 염색체에는 각각 거의 같은 유전자 세트를 가진 DNA를 포함하고 있다. 1개의 세포에 포함되어 있는 한쪽 어버이로부터 온 DNA사슬을 전부 연결시키면 그 길이가 70cm나 된다.

지금 이 DNA를 10만 배로 확대하여 관찰해 보면 지름이 약 0.2mm의 비단실과 같은 모양을 볼 수 있는데 그 길이는 무려 70km

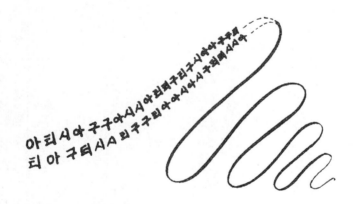

5-4. DNA의 길이. 유전 정보는 DNA의 뉴클레오티드 배열로 표현되지만 포지티브사슬과 네거티브사슬의 복사가 겹친 상태로 보존되어 있다. DNA를 두께 0.2mm의 실이라고 하면, 그 길이는 수십km도 넘게 된다.

5-5. 세포핵에서 추출한 DNA (Don Wayne Fawcet, 『The Cell』
인용)

에 이르게 된다. 이것으로 우리는 유전자 DNA가 얼마나 가늘고 긴 것인가를 짐작할 수 있게 된다(그림 5-4).

이렇게 긴 실을 뭉쳐서 작은 핵 속에 집어넣자면 자칫하면 혼란이 일어날지도 모르겠다. 더구나 세포분열 때는 이 실이 엉키지 않고 두 개의 세포에 분배되어야 한다. 그것은 그리 쉬운 일이 아닐 것이다. 이 가늘고 긴 실의 보관을 위해 세포는 다음과 같은 대책을 세워 놓고 있다.

아마도 여러분은 어릴 적 고무줄로 프로펠러를 돌려 날리는 모형 비행기를 본 적이 있을 것이다. 날리기 전 고무줄을 조금씩 감으면 처음에는 단순한 나선이 생기지만 더 감으면 고무줄이 더욱 꼬여서 점점 굵은 나선이 만들어진다. 이것을 더 감아 꼬리 쪽의 고

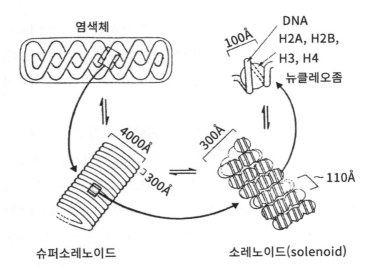

5-6. 크로마틴의 구조

무줄 걸쇠를 풀어 줄을 느슨하게 하면 굵게 꼬인 나선이 중간에서 접혀 한층 굵은 나선 모양 다발이 된다. 이중나선의 DNA 사슬도 이 같은 방식으로 한번 꼬이고 겹쳐 꼬이고 하여 굵은 다발을 이루게 된다. 실제로 핵 속의 DNA는 여기서 설명한 것보다 좀 더 복잡한 방법으로 뭉뚱그려져 있고 더욱이 제1차 나선은 몇 종류의 단백질로 고정되어 있다(그림 5-5). 이에 관해서도 뒤에서 좀 더 상세히 설명하겠다.

6. 크로마틴과 염색체

유전자인 DNA는 실제로 어떤 형태로 핵 속에 존재하고 있을까?

화학적 분석법과 X선 회절 분석법 및 원편광 이색성(円偏光 二色性) 분석법 등의 물리적 분석법이 발달되고, 또 전자현미경의 기술이 발달된 덕에 지금은 세포 안 유전자의 존재 상태를 아주 자세히 알게 되었다.

핵 안의 DNA는 DNA사슬만으로 이뤄지지 않고 그 주위에 몇 종류의 단백질이 엉거 붙어 있다. 기본이 되는 단백질은 '히스톤'이라 하는 것인데, 이것은 5종류 정도가 있다. 그중 4종류(H2a, H2b, H3, H4)가 2분자씩 모이고, 또 다른 종류(H1)가 여기에 첨가되어 하나의 덩어리를 만들고 있다(표 6-1). 이 덩어리에 이중나선의 DNA가 느슨히 감겨 그림에서 보인 것과 같이 염주 같은 형태를 띤다. 이러한 염주 모양의 실은 더욱 꼬여서 고차원의 나선 구조를 이

핵산	DNA (유전자) RNA (전사에 의해 만들어진 것)
단백질	히스톤 (H1, H2a, H2b, H3, H4 등) 비히스톤 크로마틴 단백질 (유전자의 발현과 제어에 필요한 여러 가지 단백질)

표 6-1. 크로마틴의 조성

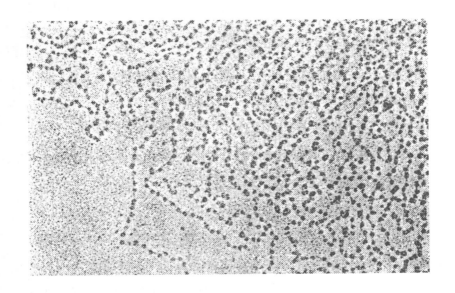

6-1. 뉴클레오솜의 전자현미경 사진. 염색체에 적당한 처리를 하면 꼬인 것이 풀려 실 상태로 되며 그 실은 염주와 같은 구조를 하고 있다. 염주알에 해당하는 것을 뉴클레오솜이라 하며, 히스톤이라는 단백질에 DNA가 감겨져 있다.(E. De Robertis 외: Cell and Molecular Biology, 1980. 인용)

루고 있다. 이때 염주알에 해당하는 부분을 '뉴클레오솜(nucleo-some)'이라 한다.

　세포를 염색하여 현미경으로 관찰하면 세포핵의 진하게 염색된 부분과 연하게 염색된 부분이 보인다. 이때 진하게 염색된 부분을 '헤테로크로마틴'이라 하고, 연하게 염색된 부분을 '진성(眞性) 크로마틴'이라 하여, 이전부터 형태학적으로 구별되고 있었다(그림 6-2). 최근의 물리·화학적 연구에 의하면 '헤테로크로마틴'은 DNA 사슬이 몇 겹으로 꼬여 치밀한 덩어리를 이루는 부분이고, '진성 크로마틴'은 DNA사슬이 느슨하게 감겨 있어 풀리기 쉬운 부분이라는 것이 밝혀졌다.

　'히스톤'은 이와 같이 DNA의 입체구조를 유지하는 역할을 하고 있음이 틀림없지만, 그 밖의 역할에 대하여는 잘 알려지지 않고 있다.

　H1 히스톤은 '헤테로크로마틴' 부분에 많다는 사실이 알려져 있으므로 이것이 DNA 사슬을 겹겹으로 꼬이게 하는 역할을 하고 있는지도 모르겠다.

　크로마틴의 단백질에는 '히스톤' 외에도 '비히스톤 단백질'이 여러 종류 있어, 그 일부는 히스톤과 같이 DNA와 결합해 있고, 일부는 혼자 유리되어 핵액 중에 존재한다. DNA를 주형으로 하여 RNA를 합성하는 효소인 RNA폴리머라제나 역시 DNA를 주형으로 하여 DNA를 복제하는 효소인 DNA폴리머라제는 비히스톤 단백질 중의 하나이다. 그 밖에도 유전자의 발현을 제어하는 여러 가지 단백질도 여기에 속해 있다. 비히스톤 단백질이 헤테로크로마틴과 진

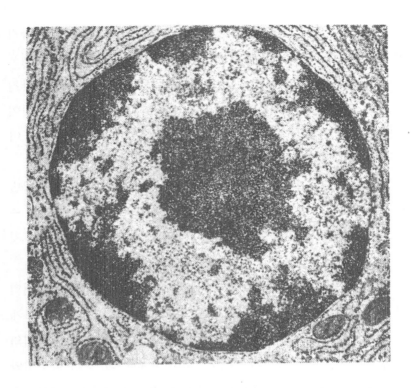

6-2. 진성 크로마틴(원내의 흰 부분)과 헤테로크로마틴(원내의 검은 부분) (Fawcet; The Cell. 인용)

성 크로마틴 중에서 어느 쪽인가를 말하자면, 진성 크로마틴 쪽에 많이 분포되어 있다고 할 수 있다.

또 '진성 크로마틴' 부분은 DNA 위의 유전자가 왕성히 발현되고 있는 곳이다. 그에 반하여 '헤테로크로마틴' 부분에는 그 세포에게 불필요한 유전자가 배열되어 있어 그 때문에 빽빽하게 접혀져 있는 것이다.

세포가 예사로이 생활하고 있을 때는 DNA는 전사(轉寫)하기에 편리하도록 크로마틴의 형태로 핵 안에 존재하고 있지만, 세포분열 때에는 그와 같이 크로마틴 상태로 존재하는 것이 편리하지 않은 것 같다. 어쨌든 DNA는 기다란 실모양의 분자이므로 이것이 엉키지 않고 2개의 딸세포로 분배된다는 것은 그다지 쉬운 일이 아닐 것이다.

그래서 고등생물의 DNA는 세포분열 직전에 염색체라는 다발로 합치게 되는데, 이것은 광학현미경으로도 관찰이 가능하다. 즉 이러한 과정은 장편의 암호문집을 몇 편의 소책자로 정리하는 것과 같다.

우리 인간의 체세포의 염색체를 현미경으로 관찰하면 46개의 염색체를 볼 수 있는데, 그 크기는 다양하다. 그러나 자세히 보게 되면 그중에서 2개씩 같은 모양을 하고 있다. 이러한 같은 형태의 염색체의 쌍을 상동염색체(相同染色體)라고 하는데, 각각 아버지와 어머니로부터 물려받은 것이다. 절반인 23개의 염색체는 서로 모양도 다르고 큰 것을 1번으로 하여 크기에 따라 차례로 각각 번호가 붙어 있는데 가장 작은 것을 23번으로 하고 있다(그림 6-3).

다시 말해 우리의 세포들은 그것들이 수정란으로 삶을 시작하게 되면, 1권에서부터 23권까지의 23권의 소책자를 아버지로부터 물려받고, 그와 똑같은 23권을 어머니로부터 물려받게 된다. 그리고 그것들을 충실히 복제하여 두 세트씩 모든 체세포에 분배해 주고 있다.

아버지와 어머니로부터 물려받은 1쌍의 상동염색체에는 거의

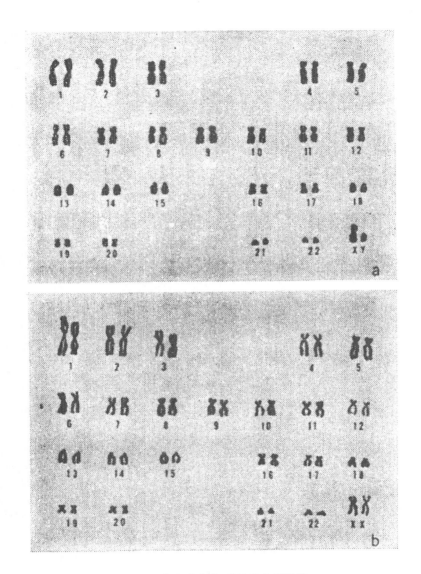

6-3. 사람의 염색체. 정상인의 염색체.
위: 남자, 성염색체 XY를 가짐.　　아래: 여자, 성염색체 XX를 가짐.

같은 암호문이 적혀 있다. 따라서, 전체로서의 우리 세포는 거의 같은 암호문집 두 벌을 가지고 있는 셈이다.

3

설계도에 따른 단백질 합성

7. 설계도의 복사 → RNA

빌딩을 신축하거나 공장에서 제품을 만들 때 직접 설계도를 건축 현장이나 작업장에 가지고 가서 작업하는 것은 아니다. 다시 말해 설계도의 복사판을 만들어 현장이나 작업장에 보내면, 그에 따라 건축이나 제조가 시작되는 것이 보통이다.

DNA도 세포에게는 둘도 없는 중요한 설계도이기 때문에 함부로 나돌아다니지 않게 핵 속에 소중히 간직된다. 그때그때에 필요한 부분, 즉 필요한 유전자 DNA의 암호문만이 복사되어 단백질을 합성하는 장소에 보내지고, 이 복사판에 상응한 아미노산 배열이 결정되어 단백질 합성이 이루어지게 되는데, 이 설계도의 복사판에 해당되는 것이 'RNA'이다. 이 RNA는 핵에서 단백질 합성 장소로 유전암호의 메시지를 운반하는 역할을 하므로 '메신저 RNA'라 불리고, 'mRNA'라는 약자로 표기된다.

RNA의 암호문에 DNA의 염기인 티민(T) 대신 우라실(U)이 사용되며, 그 밖에는 DNA와 같다(그림 5-2). 즉, DNA의 암호문 '아·티·구·시·티·구·아'는 RNA에서는 '아·우·구·시·우·구·아'라는 문장으로 변환된다. 이와 같이 DNA의 암호문을 RNA로 복사하는 것을 '전사(轉寫)'라고 한다. 전사에는 주형이 되는 DNA 말고도 RNA 합성효소가 필요하다. 또 A·U·G·C의 각각에 3개의 인산과 당이 결합된 것이 RNA의 재료가 된다(그림 7-1).

우선, 전사를 필요로 하는 부분의 DNA에는 'RNA 합성효소'가 결합하는데, 그 장소는 암호문의 첫 문자가 위치하는 곳보다 약간

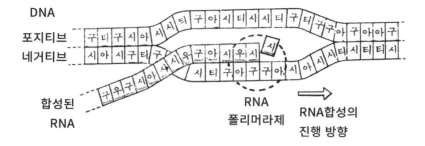

7-1. RNA의 합성. 주형 DNA의 일부분이 열려 그곳에 RNA폴리머라
제가 결합하여 네거티브사슬 DNA 위를 이동하면서 이 DNA에 대응
하는 뉴클레오타드를 가지고 온다. 즉, RNA사슬을 합성한다. 완성된
RNA는 포지티브사슬 DNA와 같은 뉴클레오티드 배열(단, 티민 대신
우라실이 사용된다)을 가진 것이 된다. 이것이 유전자의 복사로서 단
백질 합성에 사용된다.

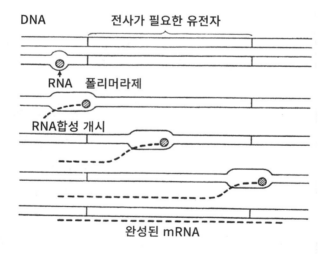

7-2. mRNA는 DNA를 주형으로 하여 합성된다.

50

앞쪽에 위치하게 편다(그림 7-2). 이 효소는 DNA 사슬 위를 미끄러지듯 이동해 가면서 재료인 뉴클레오티드 3인산을 연결시킨다.

이때는 주형이 되는 DNA사슬의 뉴클레오티드에 꼭 대응하는 뉴클레오티드를 만들어 연결시키는 작업이 이뤄진다. 그것은 겹 사슬 DNA의 '뉴클레오티드 대응칙'과 거의 같으나 T(티민) 대신에 U(우라실)가 쓰여지는 점이 다르다.

즉, 다음과 같이 전사가 이루어진다.

DNA		RNA
아	→	우
티	→	아
구	→	시
시	→	구

RNA 합성 효소는 DNA 사슬 위의 전사가 끝나는 점까지 이동한 후 그 완성된 RNA와 같이 DNA 사슬을 떠난다. 이렇게 하여 전사는 끝나게 된다.

그림 7-2에서와 같이 RNA는 DNA의 네거티브사슬을 주형으로 하여 합성된다. 완성된 RNA의 뉴클레오티드 배열은 결과적으로 포지티브사슬 DNA의 뉴클레오티드 배열에 해당한다.

우리 세포 안의 가늘고 긴 DNA 사슬 위에는 거의 100만 개의 유전자가 존재하지만, 그 모두가 복사되는 것은 아니다. 각각의 세포에 필요한 부분만이 선택적으로 복사되어 그 복사된 것을 바탕

으로 하여 단백질이 만들어지고 있다. 어떻게 하여 유전자의 필요
한 부분만이 선택되고 있는가는 분자생물학의 흥미로운 분야의 하
나인데 이것에 대하여는 제4장에서 설명하겠다.

8. 단백질 합성

세포공장 속에서는 당의 분해라든지 아미노산의 합성 등 비교적
저분자 제품에 대한 작업은 각각 전문적으로 담당하는 효소라는
로봇에 의해 행해진다.
　　이에 비해 로봇 자체의 조립, 즉 단백질의 합성은 그리 간단하
지가 않다. 단백질을 합성 하려면 '리보솜'이라는 대형 공작기계 이

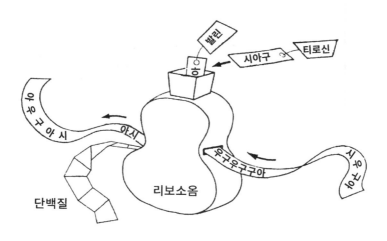

8-1. 단백질의 합성

외에도 몇 가지 효소의 협조가 필요하다. 대형 공작기계(리보솜)는 3종류의 RNA와 50여 종류의 단백질로 되어 있어, RNA 테이프의 암호 해독장치와 그 암호에 대응하는 아미노산을 배열하여 연결하는 장치를 갖추고 있다(그림 8-1).

　그 장치에 RNA 테이프의 한쪽 끝이 삽입되면 장치는 거기서부터 차례로 테이프의 암호를 읽어 가고, 테이프는 이동하여 장치의 다른 쪽 끝으로 나가게 된다. 장치가 '아·우·구'라는 암호를 읽으면 여기에서부터 폴리펩티드의 합성이 시작된다. 그 이후에는 3개의 문자를 한 단위로 하여 한 암호를 해독하고, 그것에 해당하는 아미노산을 배열하여 연결한다. 표 8-1은 어떤 암호(뉴클레오티드의 배열)가 어떤 아미노산을 지정하는가를 나타내고 있다. RNA 테이프가 3문자씩 이동할 때마다 1개의 아미노산이 연결되어 계속 펩티드 사슬은 길어지게 되며, 장치가 RNA의 '우·아·구'라는 암호를 읽으면 단백질의 합성이 끝나고 펩티드 사슬은 합성기에서 떨어져서 1개의 폴리펩티드가 완성된다. 이 펩티드가 몇 개 모여서 1개의 단백질, 공작 로봇이 완성된다.

　그림 8-2에 mRNA의 암호와 아미노산의 관계를 보였다.

　그런데 아미노산은 자신이 직접 리보솜으로 오는 것은 아니다. 'transfer RNA'(tRNA)라는 운반자가 있어, 아미노산은 이것과 결합함으로써 mRNA의 암호가 있는 곳까지 운반된다(그림 8-3).

　tRNA에도 여러 가지 종류가 있어서 각각의 아미노산은 특정의 tRNA에만 결합할 수가 있다. 예를 들면 메티오닌이라는 아미노산은 그것의 전용 tRNA에만 결합한다. 이 tRNA에는 특별한 3개의

제1	제2				제3
	우	시	아	구	
우	페닐알라닌	세린	티로신	시스테인	우
	페닐알라닌	세린	티로신	시스테인	시
	루이신	세린	● 종지점	● 종지점	아
	루이신	세린	● 종지점	트립토판	구
시	루이신	프롤린	히스티딘	아르기닌	우
	루이신	프롤린	히스티딘	아르기닌	시
	루이신	프롤린	글루타민	아르기닌	아
	루이신	프롤린	글루타민	아르기닌	구
아	이소루이신	트레오닌	아스파라긴	세린	우
	이소루이신	트레오닌	아스파라긴	세린	시
	이소루이신	트레오닌	리신	아르기닌	아
	메티오닌 (개시점)	트레오닌	리신	아르기닌	구
구	발린	알라닌	아스파라긴산	글리신	우
	발린	알라닌	아스파라긴산	글리신	시
	발린	알라닌	글루탐산	글리신	아
	발림 (개시점)	알라닌	글루탐산	글리신	구

표 8-1. 암호표. 3개의 뉴클레오티드가 1종류의 아미노산을 지정하는 암호를 나타낸다. 3개 중 제1의 뉴클레오티드는 좌단의 란에 표시되어 있고, 제2의 것은 상단에 횡으로 배열되어 있고, 3번째 것은 우단에 배열되어 있다. 예를 들면 제1, 2, 3 뉴클레오티드를 시아구라고 하면 그것은 중앙의 글루타민에 해당한다. 즉 시아구 암호는 글루타민이라는 아미노산을 지정하고 있다. ●은 mRNA의 종지점을 의미하는 암호이다.

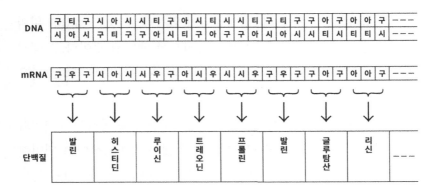

DNA | 구 | 티 | 구 | 시 | 아 | 시 | 시 | 티 | 구 | 아 | 시 | 티 | 시 | 시 | 티 | 구 | 티 | 구 | 구 | 아 | 구 | 아 | 아 | 구 | --- |
| 시 | 아 | 시 | 구 | 티 | 구 | 구 | 아 | 시 | 티 | 구 | 아 | 구 | 구 | 아 | 시 | 아 | 시 | 시 | 티 | 시 | 티 | 티 | 시 | --- |

mRNA | 구 | 우 | 구 | 시 | 아 | 시 | 시 | 우 | 구 | 아 | 시 | 우 | 시 | 시 | 우 | 구 | 우 | 구 | 구 | 아 | 구 | 아 | 아 | 구 | --- |

단백질 | 발린 | 히스티딘 | 루이신 | 트레오닌 | 프롤린 | 발린 | 글루탐산 | 리신 | --- |

8-2. MRNA의 암호(코돈)와 아미노산

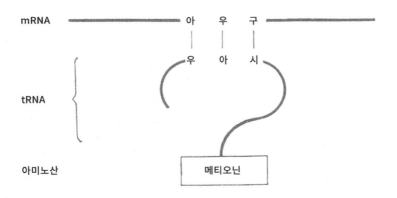

8-3. tRNA와 mRNA의 뉴클레오티드 대응. 메티오닌을 운반하는 tRNA의 사슬에는 뉴클레오티드 배열로 우아시가 있고, 이것은 mRNA 위에 배열하는 아우구에 대응하기 때문에, 아우구가 리보솜 위에 오면 그 장소에 결합한다. 이 tRNA사슬의 한가닥 끝에는 메티오닌이 결합하여 있으므로 결과적으로는 메티오닌을 리보솜에 운반하게끔 된다.

뉴클레오티드인 '우·아·시'가 배열되어 있는데, 이것은 mRNA 위의 메티오닌용 암호인 '아·우·구'에 대응하도록 배열된 것이다. 그래서 메티오닌을 가진 tRNA는 mRNA의 '아·우·구'의 장소에 메티오닌을 운반하게 되는 것이다.

바꾸어 말하면 tRNA는 각각의 아미노산을 운반하기 위한 '화물표'와 같다고 볼 수 있다. 그 화물표 위에는 아미노산이 보내어질 곳의 주소가 3문자로 쓰여 있어, 그 주소에 따라 mRNA 위의 특정한 위치에다 아미노산을 틀림없이 운반하는 역할을 하고 있다.

이제 리보솜의 작용으로 이야기를 돌려 보자. mRNA의 한쪽 끝이 리보솜에 붙어서 미끄러지듯이 이동하기 시작하면, 이윽고 '아·우·구'의 암호가 리보솜에 미끄러져 들어온다. 세포 속에는 각각 특정 아미노산을 결합한 tRNA가 기다리고 있는데, '아·우·구'의 암호가 리보솜에 오게 되면, 그것에 대응되는 뉴클레오티드 배열인 '우·아·시'를 가진 tRNA가 리보솜에 들어와 고정된다. 그 tRNA에는 메티오닌이 연결되어 있으므로 메티오닌이 리보솜으로 동시에 운반된다. mRNA가 3문자 몫을 이동하고, 다음에 '구·티·구'의 암호가 리보솜에 들어오면 그것과 대응하는 tRNA가 발린을 리보솜으로 운반한다. 처음의 메티오닌과 뒤의 발린은 리보솜 내의 효소에 의하여 연결된다. 다시 mRNA의 이동에 의하여 암호가 바꾸어지고, 역시 그것에 대응하는 tRNA가 다른 아미노산을 운반해 들인다. 그리고 그 아미노산은 메티오닌·발린 다음에 연결된다. 이와 같이 하여 mRNA의 3문자 암호에 대응하는 아미노산이 차례로 연결되어, 길다란 폴리펩티드사슬이 되어 단백질의 합성이 완료된다(그림 8-2).

9. 단백질과 RNA는 소모품

종이컵이나 종이 접시 등 한 번 쓰고 버리는 식기나 일회용품은 이 제는 생활에 없어서는 안 될 물건이 되었다. 앞으로는 가구나 주거까지도 사용 후 버리게 되는 생활 방식이 나타날 것이라고들 한다. 장차 어떤 시대를 맞이하게 될는지는 가히 상상조차 할 수 없다.

그런데 생물은 수억 년 전부터 한 번 쓰고 버리는 방식을 널리 사용해 왔다. 우리는 몸에 필요한 물질을 나날이 섭취하여 영양소를 몸 전체 세포에 보내어 세포공장의 기계나 건물을 만들고 있다. 그와 동시에 그들 기계나 건물의 일부를 파괴하여 땀이나 오줌의 성분으로 배설한다.

1개의 세포를 구성하고 있는 분자 또는 원자는 결코 언제까지나 그 세포 속에 머물러 있는 게 아니라 끊임없이 새로운 것으로 대치된다. 몸 전체로 보자면 몸을 구성하고 있는 세포도 늘 새로이 개조되고 있다고 할 수 있다.

왜 생물은 이같이 언뜻 낭비처럼 보이는 일을 하는 걸까? 그에 대한 진짜 이유는 알기 어려우나 그중 한 가지는 다음과 같은 유전자 제어를 위해서라는 것이 밝혀졌다.

젖당(乳糖) 분해 효소의 예와 같이, 특정 유전자가 발현되면 단백질 설계도의 복사판(RNA)은 몇 장이라도 자동적으로 만들어져서 단백질 합성 장소로 보내어진다. 그 때문에 그 설계도에 좇아 특정 단백질이 다량으로 만들어진다. 만일 RNA와 단백질이 언제까지나 세포 안에 존재해 있다면 세포 속에는 특정 공작 로봇으로 꽉

차게 될 것이다. 또 A 부품을 조립하는 로봇과 B 부품을 조립하는 로봇 수의 균형이 한 번 깨지게 되면, 다시는 원래대로 되돌릴 수 없게 되고 공장 전체의 생산 조절에 큰 혼란을 초래하게 된다. 공장에 설치하는 공작 로봇과 각종 장치의 수를 일정하게 유지하지 않으면, 재료의 구입이나 폐기물의 처리 등을 조절할 수 없게 되어 공장 전체의 관리가 제대로 되지 않고, 결국은 세포가 죽고 만다.

그래서 세포공장 안에는 RNA와 단백질을 처분하는 로봇이 몇 개 있어 이들을 처리하는 역할을 담당하고 있다. 그것이 RNA 분해 효소와 단백질 분해 효소이다. 세포 안에서 만들어진 mRNA는 설계도의 복사판으로써 몇 번이고 사용되는 동안에 RNA분해 효소를 만나게 되고 그것에 의해 처분되고 만다.

세포에 따라서는 특별한 경우에만 필요한 단백질을 합성하기도 한다. 젖당 분해 효소는 그것의 한 예로 영양소로서의 젖당이 세포 안에 들어왔을 경우에만 합성되게 되어 있다. 젖당의 세포 안으로의 출현이 계기가 되어 젖당 유전자의 분해 효소의 전사가 일어나고, 그에 따라 mRNA가 합성되며, 이를 설계도로 하여 젖당 분해 효소의 단백질이 만들어진다. 이렇게 하여 만들어진 효소에 의하여 젖당이 분해되고, 모두 소비되면 유전자 전사는 정지되고 효소의 생산도 일어나지 않게 된다. 세포 안에 쌓인 불필요한 효소단백질이나 그의 mRNA는 단백질분해 효소와 RNA분해 효소의 작용에 의해 분해되고 소실되어 버린다. 이와 같이 세포는 공급된 재료의 질과 양에 따라 그것들을 처리하게 되어 있다.

여러 종류의 유전자 제어인자(단백질)도 마찬가지로 일정한 수명이 있다. 때문에 세포가 처해진 환경에 따라 그때그때 그 환경에 적합한 활동을 하게 되어 있다.

이것에 비해 DNA는 절대로 버려지는 일이 없다. 이것은 유전자가 단백질의 설계도의 원본이기 때문에 언제까지고 보존해 두지 않으면 안 되기 때문이다.

10. 밀실의 안쪽

유럽에는 리히텐슈타인(Lichtenstein) 공국(公國)이라든가, 산마리노(San Marino) 공화국 등의 작은 나라가 몇 곳 있다. 이 국가들의

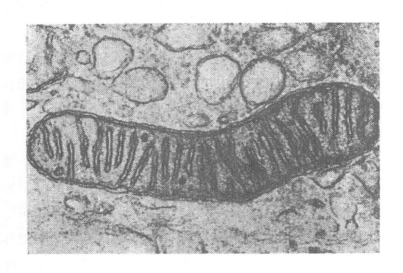

10-1. 미토콘드리아(Fawcet; The Cell. 인용)

규모는 큰 나라의 중형 도시 정도이다. 인구는 리히텐슈타인은 3만 8천여 명(2021), 산마리노는 3만 3천여 명 정도이며(2021), 기능의 일부를 타국에 의존하고는 있지만 정치 형태 상으로는 작아도 의젓한 독립국인지라 매우 흥미롭다. 우리 몸의 세포 안에도 이런 독립국과 비슷한 작은 방이 있다.

그것은 동식물의 세포에 공통으로 포함되어 있는 '미토콘드리아'와 식물의 '엽록체'이다.

앞에서 언급했듯이, 세포의 미토콘드리아 입자는 에너지 생산 기관이다. 당과 지방을 비롯한 유기물을 산화하는 과정에서 생기는 에너지를 ATP(아데노신 3인산) 등의 화합물로 축적하는 기능을 하는 장소로, 말하자면 세포공장의 화력발전소에 해당한다. 여기서 만들어진 ATP는 단백질이나 핵산의 합성 등의 세포의 활동에 이용된다(그림 10-1).

미토콘드리아는 3층의 막으로 된 주머니 모양의 것인데 막에는 시토크롬(Cytochrome) 등의 에너지 생산용 '호흡효소'가 정밀히 배열되어 있는데 그 막의 상태가 잘 보존되지 않으면 에너지 생산의 효율이 아주 나빠진다.

신기한 것은 이 주머니 모양의 방은 주머니의 안쪽에 있는 직공과 바깥쪽에 있는 직공들의 협력에 의하여 그 사이에 벽이 만들어지고 있다는 점이다(그림 10-2). 이는 아마도 효소를 포함하는 벽을 보다 효율적으로 만들기 위해서 필요로 한 방법이었을 것이다. 벽의 재료는 벽을 통하여 바깥쪽에서 가져오고 있으나 안쪽에서 벽을 만드는 효소는 안쪽에서 자급하고 결코 바깥으로부터 공

10-2. 밀실의 벽 만들기

급받는 일은 없다.

안팎 양쪽에서 벽을 쌓는 작업에 의하여 이 밀실의 벽은 점점 넓어지게 되며, 이윽고는 밀실의 중앙이 가늘어져 같은 밀실이 2개가 만들어진다. 이같이 하여 미토콘드리아는 세포 속에서 증식한다.

방의 벽을 만들기 위해서는 안쪽으로부터 단백질을 공급할 필요가 있다. 그러려면 이 밀실 안에 독자적인 DNA가 존재해 있어야 한다. 인간의 미토콘드리아 속에 갇혀 있는 DNA는 길이가 57μ(마이크론)이나 되는 사슬로 그 양 끝은 서로 연결되어 하나의 고리(ring)를 형성하고 있다. 이 DNA 위에는 주로 밀실의 안쪽에 필요한 단백질을 만들기 위한 설계도가 기입되어 있다. 이들 단백질을 만들기 위해서는 이 DNA를 원본으로 한 RNA 합성이 미토콘드리

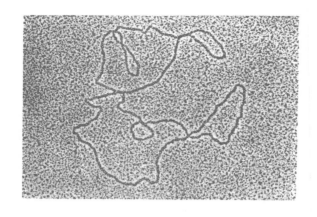

10-3. 미토콘드리아 DNA. 미토콘드리아에서 추출한 DNA는 한 가닥
의 환형이다.

아 안에서 이루어지고 이 RNA의 암호에 바탕하여 미토콘드리아 전
용의 단백질 합성기(미토콘드리아 리보솜)를 사용하여 단백질 합
성이 행해진다. 따라서 미토콘드리아의 내부는 독립한 유전자와 그
해독 기구가 소규모이기는 하나 완비되어 있다고 말할 수 있다.

우리 인간의 미토콘드리아 DNA는 16,600개 정도의 '뉴클레
오티드쌍'으로 구성되어 있으며, 엔드슨(Sydney Anderson, 1921~
2018)과 그의 동료들에 의하여 1981년에 그러한 뉴클레오티드의
전체 배열이 밝혀졌다. 그것에 따르면 '시토크롬 b,c' 등의 호흡효
소를 비롯한 몇 가지의 미토콘드리아 단백질의 유전자가 DNA 위
에 배열되어 있으며, 또 미토콘드리아 전용의 리보솜RNA와 tRNA
의 유전자까지도 이 작은 DNA 위에 빽빽하게 배열되어 있었다.
미토콘드리아DNA는 보통의 세포에서와 마찬가지로 복제되어 분

열된 미토콘드리아에 분배된다. 또한 세포가 분열할 때에는 이와 같이 하여 증식한 미토콘드리아가 각각의 세포에 균등하게 분배된다.

우리의 세포핵에는 아버지로부터 받은 유전자와 어머니로부터 받은 유전자가 거의 반반씩 있기 때문에 우리의 몸은 양친의 성질을 고루 물려받고 있다. 그렇다면 미토콘드리아의 경우는 과연 어떠할까? 수정된 세포는 어머니(난자)의 미토콘드리아는 가지고 있지만, 아버지(정자)로부터의 미토콘드리아는 받지 못한다. 그러므로 개체의 세포는 수정란에서부터 출발하고 있으므로, 미토콘드리아에 관해서는 난자 즉, 어머니의 유전자의 영향을 강하게 받고 있는 것이다.

식물세포의 경우는 미토콘드리아 이외에 '엽록체'라는 세포 소기관이 있다. 이것 역시 독자적인 유전자를 가지고 있다. 엽록체는 엽록소를 가지고 있어서 광합성이라는 중요한 기능을 수행하는데, 이 속의 단백질도 엽록체에 포함되어 있는 DNA 설계도에 의해서 만들어진다.

고등동물의 세포의 유전자는 거의 대부분이 핵 속에 있으며, 일반 세포의 단백질은 거의가 다 핵 속의 DNA에 그려진 설계도를 바탕으로 하여 만들어진다. 그러나 유전자의 극히 일부(세포의 전 유전자의 10,000분의 1 정도)는 미토콘드리아나 엽록체와 같은 세포 소기관 속에 포함되어 있어서 그 소기관의 단백질을 만드는 데 사용되고 있다.

4

유전자의 복제와 상처의 수리

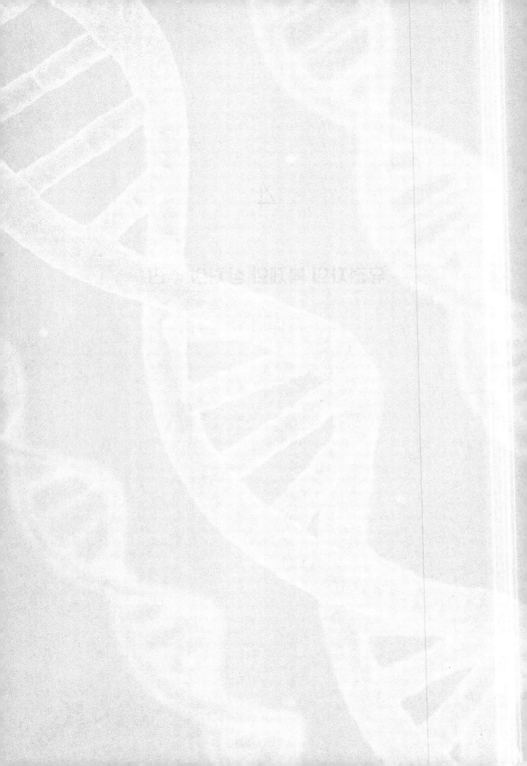

11. 공평한 유산 분배

'서러워 울면서도 좋은 것만 고르는 유물 나누기'라는 풍자가 있다.

친지들이 모인 자리에 고인의 유물을 늘어놓고 보기만 해도 고인의 생전 모습이 떠올라 울음이 터지고 만다. 그러면서도 "무엇이든지 좋아하는 것을 가지세요"라고 하면, 조금이라도 좋은 것을 가지고 싶어 하는 것이 사람의 심리이다. 하물며 그것이 막대한 유산의 분배라면 어쨌든 분쟁의 근원이 되기 쉽다.

이에 비해, 세포가 분열하여 2개의 새로운 세포를 만들 때의 유전자 분배는 아주 공평하게 이뤄진다. 그렇다면 우선 꼭 같은 암호문을 가진 2개의 DNA가 어떻게 만들어지는가에 대해 다시 한 번 설명하기로 하자.

앞에서도 말했듯이 세포가 분열하여 2개의 세포로 될 때는 완전히 꼭 같은 유전자 두 벌이 만들어져 이들 세포에 분배되어야 한다. 이 때문에 DNA는 다음과 같은 방법으로 복제된다.

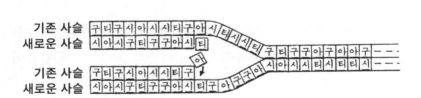

11-1. DNA의 복제. 세포분열이 일어나기 전에 기존 사슬의 DNA가 풀려 그에 대응하는 뉴클레오티드가 배열, 결합하여 새로운 사슬이 합성된다. 이와 같이 해서 뉴클레오티드 배열이 꼭 같은 이중사슬이 2개 만들어져 분열한 세포에 분배된다.

지금 여기에 포지티브사슬과 네거티브사슬의 겹사슬 DNA가 1개 있다고 하면, 먼저 그림 11-1과 같이 겹사슬의 어느 부위의 염기쌍이 분리되어 풀어지면서 겹사슬 DNA가 2개의 외사슬로 갈라진다. 분리된 각각의 외사슬 DNA 위에 DNA 합성효소가 작용하여, 이 외사슬의 뉴클레오티드에 꼭 맞게 대응할 만한 뉴클레오티드를 한 개씩 차례로 그것들을 만들고, 만든 즉시 연결해 가면서 새로운 외사슬 DNA를 합성하게 된다.

그 대응은 겹사슬의 뉴클레오티드와 같이

아 : 티   구 : 시

이다. 그 결과, 기존 포지티브사슬이 자신을 원본으로 하여 만들어진 새로운 네거티브사슬과 조합하여 이루어진 겹사슬 DNA와, 기존 네거티브사슬이 자신을 원본으로 하여 만들어진 새로운 포지티브사슬과 조합하여 이루어진 겹사슬 DNA가 각각 생겨나게 된다.

기존의 겹사슬은 점점 더 풀어지고 합성 효소가 그 풀어진 부분 위를 이동해 가면서 새로운 네거티브사슬과 포지티브사슬을 만든다. 이와 같이 하여 최종적으로 겹사슬의 DNA가 2개 만들어진다. 따라서 완성된 사슬은

• 기존 포지티브사슬과 새로운 네거티브사슬로 이루어진 겹사슬 1개
• 기존 네거티브사슬과 새로운 포지티브사슬로 이루어진

겹사슬 1개

가 된다. 이것으로 이해되었으리라 믿지만, 이 2개의 겹사슬에는 완전히 꼭 같은 암호문이 씌어져 있음을 강조하고 싶다. 분열 후에 만들어진 세포는 이렇게 하여 생긴 겹사슬을 각각 1개씩 받아 새 생활을 시작하게 된다.

이 같은 방법은 세균과 같은 하등생물에서부터 우리 인간과 같은 고등생물에서까지 동일하여, 생물의 기본원칙이라고도 말할 수 있는 방법이다. [단, 앞에서 언급한 RNA를 유전자로 하는 바이러스 등은 조금 다른 방법으로 유전자를 증식하고 있다(114쪽 참조).]

우리 몸의 체세포도 분열·증식하여 자손 세포를 만들고, 그들 자손 세포에게로의 유전자의 분배를 반복하고 있다. 그때도 염색체를 질서 있게 분배하게 되어 있으므로 지극히 공정한 유산 분배가 이루어진다.

1개의 염색체는 겹사슬 DNA의 다발이다. 세포분열 때에는 앞에서 설명한 방법으로 이 DNA가 복제되어 같은 염색체가 2개 만들어진다. 사람의 경우 결과적으로,

아버지 세포로부터 온 염색체 (23×2)개
어머니 세포로부터 온 염색체 (23×2)개

로 도합 92개가 만들어지며, 이것이 2개의 자손세포에게 분배된다.

이때에는 부계(父系)로부터 유래된 것만이 많이 넘겨지는 따위의 일은 없고, 부계에서 유래된 23개와 모계(母系)에서 유래된 23개가 똑같이 1개의 자손 세포에게 넘겨지도록 계획되어 있다(예외도 있기는 하다).

이와 같이 체세포분열 때의 세포의 유전자는 두 자손 세포에게로 똑같은 유전자가 균등하게 분배된다.

그렇다면, 부모에게서 자식으로의 유전자의 양도 방법, 즉 생식세포를 통하여 이루어지는 개체에서 개체로의 유전기구(遺傳機構)는 어떻게 되어 있을까? 흥미롭게도 거기에는 공평한 분배라고는 말할 수 없는 점이 있다. 그것은 좋은 세트를 물려받는 사람과, 좋지 못한 세트를 물려받는 사람이 있게 되는 것으로, 생물이라면 일반적으로 감수해야 할 숙명이라고도 할 수 있다.

부모로부터 자식으로의 유전자 양도법에 대하여는 다음 장에서 자세히 다루겠지만, 실은 좋지 못한 인자를 물려받은 우리 형제들은 이 세상에 태어나기도 전에 이미 죽어버리게 된다. 그러므로 이 세상에 태어나게 된 우리는 각자 약간의 불만은 있다고 한들 그런대로 좋은 인자를 물려받게 된 행운아라는 점을 감사하며 살아가야 할 것이다.

12. 돌연변이와 DNA의 변화

유전자의 암호문은 문자 하나가 빠지거나 다른 문자와 바뀌게 되면, 본래의 유전자 암호문과는 전혀 다른 의미가 되거나 또는 의미가 없는 유전정보로 되어 버린다.

예를 들어 헤모글로빈의 뉴클레오티드 배열과 그것에 의해 지정되는 아미노산 배열은 그림 12-1과 같이

구티구 · 시아시 · 시티구 · 아시티 ……
(발린) (히스티딘) (루이신) (트레오닌) ……

이다. 이 가운데서 네 번째의 문자인 시토신(시)이 바뀌어 아데닌(아)으로 대치되면, 그 문장은 다음과 같이 된다.

구티구 · 아아시 · 시티구 · 아시티 ……
(발린) (아스파라긴) (루이신) (트레오닌) ……

12-1. 돌연변이는 뉴클레오티드의 치환이나 탈락에 의해 일어난다.

즉, 두 번째의 아미노산이 아스파라긴으로 치환되고 만다. 그 때문에 입체구조가 다른 단백질이 되어 헤모글로빈의 작용을 할 수 없게 된다.

'자리에서 일어나자. 선생님이 오셨어.'라는 대화 문구가 어느 소설책에 쓰여 있다고 했을 때, 만약 무엇인가 잘못되어 중간의 구둣점이 찍히지 않았다면 '자리에서 일어나자 선생님이 오셨어.'가 되어 본래의 의미와는 다른 의미를 독자에게 주게 된다.

mRNA에는 위의 경우에서의 구둣점과 같이, 단백질 합성의 '종지점'(終止點) 역할을 하는 암호로서

우구아

가 있다는 것은 이미 말한 바와 같지만, 이 암호의 문자 중 하나가 바뀌어

아구아

로 변하게 되면, 그것은 아르기닌이라는 아미노산을 지정하는 암호가 되어 버린다. '종지점'이 없기 때문에 단백질 합성이 계속되어, 비정상적으로 긴 폴리펩티드가 만들어진다. 이것은 곧 원래의 단백질의 기능을 잃게 만드는 원인이 된다.

'암호문의 문자 하나가 빠졌을 때'에는 더욱 큰 변화가 일어난다. 헤모글로빈 유전자의

구티구 · 시아시 · 시티구 · 아시티 · 시시티 · 구티구
(발린) (히스티딘) (루이신) (트레오닌) (프롤린) (발린)

에서 8번째의 뉴클레오티드 염기인 티민(·표)이 탈락했다고 하면
그때는

구티구 · 시아시 · 시구아 · 시티시 · 시티구 ……
(발린) (히스티딘) (아르기닌) (루이신) (루이신) ……

으로 되어 버린다. 즉 시티구의 '티'가 빠져 버리면 읽을 때 문자 하
나씩이 처지게 되어 다음에 오는 아시티의 '아'가 앞으로 올라가게
된다. 그 뒤에도 계속하여 이와 같이 한자씩 처지게 되어 그 결과로
3번째 이후의 아미노산부터는 원래의 배열과는 전혀 다른 엉뚱한
것으로 변해 버린다. 돌연변이가 일어나 성질이 변한 세포에서는
이와 같은 뉴클레오티드의 변화가 실제로 일어나고 있다는 사실이
최근 연구로 밝혀졌다. 또 뒤에서 설명하려는 것과 같이 더욱 커다
란 DNA의 변화가 일어나는 것도 있다.

13. 무엇이 유전자에 해로운가

여러 가지 화학약품이나 X선과 자외선 등의 방사선 이 DNA를 손상
시키거나 형태를 변하게 만든다는 것이 밝혀졌다.

변화한 DNA는 단백질의 설계도로서의 쓸모가 없을뿐더러 세포분열 때 그것이 어버이의 것과 다르게 복제되기 때문에 자손 대대로까지 그 변화가 전달된다. 다시 말하면, 'DNA의 손상이 돌연변이의 원인이 된다'라는 것이다.

다음에 그 몇 가지 구체적인 예를 들어 보기로 하자.

① DMA의 염기에서 아민기(-NH)를 제거하거나, 염기에 여분의 화학기〔메틸기(-CH3) 등〕를 첨가하거나 함으로 말미암아 정확한 뉴클레오티드를 대응시켜 연결시킬 수 없게 하여, 합성된 DNA 뉴클레오티드의 배열에 혼란을 일으키게 하는 원인이 되는 물질의 존재―아초산 및 에틸에탄, 술폰산 등의 알킬화합물.

② DNA 합성 때 부품이 되는 티민 또는 아데닌이 오인되어 DNA에 섭취되기 때문에 그 후의 복제 때에 뉴클레오티드의 잘못된 배열을 유도하는 물질―5-bromouracil(브로모우라실)과 2-aminopurine(아미노퓨린) 등.

③ 겹사슬 DNA의 틈새에 끼어들어 염기의 사다리에 왜곡이 생기게 하고, 마찬가지로 복제에 오류를 유발하는 것으로, 이것은 특히 판독하는 범위에서 틀을 벗어나는 잘못을 일으키기 쉽다―아크리딘계 색소.

④ 이웃해 있는 뉴클레오티드의 티와 티, 또는 시와 시 사이에 공유결합을 하거나 그것에 물분자를 결합시키기 위하여 뉴클레오티드의 배열 방법을 혼란시킨다. 그 결과 복제 때에 잘못을 유발하게 하는 것―자외선.

이들은 DNA의 화학구조에 영향을 끼치는 것으로 확인된 인자들이지만, 그 밖에도 여러 가지 물질이나 방사선 등이 DNA 활동에 어떠한 형태로건 장애 현상을 유발한다는 것이 알려져 있다.

우리의 주변 환경에도 돌연변이를 일으키게 하는 물질이 많이 있다. 자동차의 배기가스, 광화학 스모그에 포함되어 있는 여러 가지 화합물 등이 그러하며, 이들 역시 DNA 활동에 장애를 주게 된다.

두부와 햄 소시지, 어묵 등에 방부제로써 세균의 증식을 억제하는 것이 첨가된 적이 있었다. 그러나 그것들의 대부분이 세균이나 실험동물에게 돌연변이를 유발하게 한다는 사실이 알려져, 그러한 식품에 첨가하는 것이 금지되었다. 여러 가지 인공색소도 마찬가지로 변이를 일으키는 요인이 된다는 이유로 현재는 거의 사용되고 있지 않다.

플라스틱이나 접착제의 원료에도 여러 가지 돌연변이 유발 물질이 포함되어 있다. 따라서 이것을 만드는 공장에서는 인체에 영향을 주지 않도록 충분히 고려해야만 한다. 또한, 많은 농약이 또한 변이를 유발하기 때문에 이것들이 식품 속에 남아 있게 되면 우리의 DNA 활동에 영향을 끼칠지도 모른다. 아직도 우리가 알지 못하는 DNA에 손상을 주는 물질이 우리 주변에 존재하고 있는 듯하다. 바베큐나 구운 생선까지도 돌연변이 유발물질을 포함하고 있다는 것이 밝혀졌고, 자연식품에도 미지의 유해물질이 적기는 해도 포함되어 있다는 것이 지적되기 시작했다.

원수폭(原水爆) 실험으로 인하여 사방으로 흩어져 뿌려지는 재 속에는 강한 방사선을 내는 물질이 포함되어 있어, 이것이 DNA를 파괴하고 있다는 것은 잘 알려진 바이다. 그러나, 각국이 원수

폭 실험을 하기 전부터도 땅속이나 물속, 공기 속에 방사선을 방출하는 물질이 소량이나마 포함되어 있었다는 것도 사실이다. 그뿐만 아니라, 햇빛의 자외선이나 밤낮으로 우리에게 내리쏟고 있는 우주선도 우리의 DNA 활동에 장애를 준다.

이같이 DNA에 상해효과(傷害效果)를 미치는 인자들이 자연 환경 속에도 충만하다고 하여도 과언이 아니다.

14. DNA 수리 담당반의 순찰

우리의 유전자 DNA는 매우 위험한 환경에 둘러싸여 있다. 우리의 세포 1개에 포함되어 있는 DNA가 70cm라고 하면 우리 몸을 이루고 있는 수천 억 개의 세포에 포함되는 DNA의 총길이는 달까지의 거리보다도 더 길어질 것이다.

우리는 이렇게 기다란 DNA를 가지고 있으므로 평소에도 이 DNA의 어느 곳에서인가 손상을 입고 있음이 틀림없다.

그러나 우리 생물은 그와 같은 나쁜 환경 속에서도 강인하게 살아나는 방법을 터득하고 있다.

우리 몸의 DNA에는 나날이 여러 가지 장애 요인이 작용하여 뉴클레오티드가 파괴되어 가지만 동시에 그것을 재빨리 수리하는 기구도 갖추어져 있다. 마치 전국으로 펼쳐진 고속도로를 순회하며 파손된 곳을 찾아 수리하는 도로 수리반과 유사하다.

파손된 뉴클레오티드를 수리하기 위하여 몇 개의 효소가 한 그룹이 되어 DNA 수리반을 편성하여 길고 긴 DNA를 순찰하면서 고장 난 장소를 발견하면 곧 수리하는 것이다. 수리반에는 변성된 뉴클레오티드를 발견하여 이것을 제거하는 효소와, 제거한 부분의 반대쪽 사슬의 뉴클레오티드와 대응할 만한 새로운 뉴클레오티드를 메꾸어 넣는 효소와, DNA의 절편끼리 연결시키는 효소 등이 포함되어 있다. 이것들은 '수복효소'라고 불린다(그림 14-1).

세포 속에서는 DNA를 절단하여 다른 곳과 연결시키는 일이 생리적인 상태에서도 가끔 이루어지고 있다. 이때도 수복효소군으

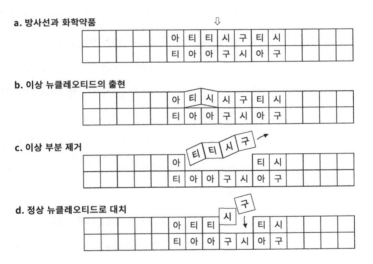

14-1. DNA의 수복. a: 자외선, x선 등의 방사선이나, 화학 약품이 DNA에 작용하면, b: 이상 뉴클레오티드가 생긴다. c: 수복효소는 이상 부분을 찾아 그 부분을 절단, 제거. d: 남은 외사슬을 주형으로 DNA합성이 부분적으로 일어나, 원래의 정상 뉴클레오티드로 바뀐다.

로 구성된 수리반이 활약한다. 예를 들어 세포의 감수분열 전에는 자주 '염색체의 재조합'이 일어난다.

이것은 부계로부터 유래하는 DNA 사슬과 모계로부터 유래하는 DNA 사슬 사이에서 사슬의 절단과 재조합이 일어나, 부계 유래의 사슬의 일부와 모계 유래의 사슬의 일부가 교환되는 현상이다 (99쪽 참조).

이 때의 DNA 사슬의 절단은 겹사슬의 양쪽이 한꺼번에 끊기는 것이 아니라, 먼저 부계 및 모계에서 유래하는 사슬 중에서 한쪽만의 '외사슬'(예를 들어 포지티브사슬)이 각각 효소에 의해 잘려지고, 수복효소로 연결된 다음, 다시 나머지 한쪽의 '외사슬'(네거티브사슬)의 절단과 재조합이 같은 방식으로 이루어진다.

'수복효소'가 없으면 어떤 현상이 일어나는가를 알아보자.

'선천성 색소성 건피증'이라는 선천적인 병이 있는데, 이 병은 어린이에게 열성유전을 한다.

태어난 아기는 겉보기에는 이상이 없는듯 하지만, 피부에 빛이 닿으면 빛이 닿은 부분만 벌겋게 되며 염증이 생겨 잘 낮지 않고, 갈색 색소가 피부에 착색하게 된다.

오랫동안 그 원인을 알지 못하다가 1968년에 클리버(James Edward Cleaver, 1964~)라는 사람이 이 환자의 세포에서 'DNA 수복효소'가 결손되어 있다는 것을 발견하였다.

여러분도 여름 해변이나, 겨울 산의 눈 벌판에서 강한 자외선을 쬤을 때 갑자기 피부가 빨개지면서 벗겨지는 경험을 했을 것이다.

그것은 자외선에 의해 피부 세포의 DNA가 파괴되어(물론 단백질도 파괴되지만) 일부 표피세포가 죽기 때문이다. 그러나 여러분의 피부 세포는 대부분 살아남게 된다. 이에 비하여 색소성 건피증 환자는 수복효소의 일부가 결실되어 있다. 자외선 이외의 원인에 의한 일상적인 DNA의 손상도 수리할 수가 없으므로 설사 햇빛을 받지 않더라도 어릴 적 죽는 경우가 많다. 조금 성장한다 해도 가엾게도 암에 걸리기 쉽다. 세포의 돌연변이와 발암과는 밀접한 관계가 있다.

DNA를 파손시켜 돌연변이를 일으키는 방사선과 화학물질의 대부분은 암을 유발하는 작용도 하고 있다. 4NQO, 니트로겐머스터드, β-프로피오라구론, 메틸니트로우레아, 메틸콜란트렌 등이 그 예이다.

또 곰팡이가 생산하는 독소에는 아플라톡신B1이라는 물질이 있는데, 이것 또한 돌연변이를 일으키게 하는 동시에 간암 등의 원인이 되기도 한다고 전해지고 있다.

그러므로 어떤 물질이 암을 일으킬 우려가 있는지 없는지를 조사하기 위하여는 그것을 세균에 주어 세균이 돌연변이를 일으키는지, 아닌지를 관찰하는 방법이 있다.

색소성 건피증의 세포는 '수복효소'가 없기 때문에 변이를 일으키기 쉽고, 변이가 일어난 세포는 암세포로 살아남아 무제한의 증식을 시작하는 것이라고 추정되고 있다.

5

유전자의 제어

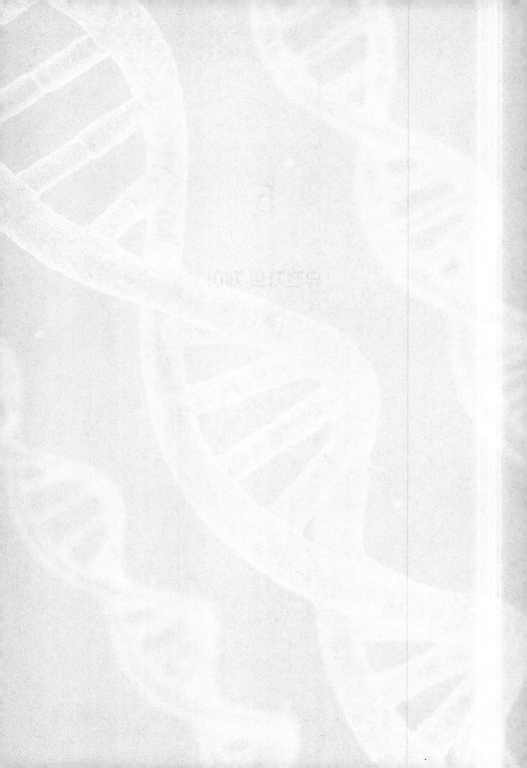

15. 교묘한 구조―유전자 제어

도시에서는 해가 지고 어둠이 찾아들 무렵이 되면 일제히 가로등과 간판의 조명이 켜지기 시작한다.

이것은 자동적으로 되어 있어 하늘의 조명도가 낮아지면 감광장치(感光裝置)가 작동하여 조명의 전원회로를 연결하게 된다. 무인 등대도 이와 같은 원리로 밤에만 작동하게 만들어져 있다.

어떤 공장이 만일 완전 자동화가 이루어져 몇 개의 부품을 각각의 소재로부터 자동으로 만들고 있다고 해보자. 이러한 경우 조립에 이용하는 A, B의 각 부품이 늘 일정한 비율로 생산되지 않으면 완성품 생산의 능률이 저하된다. A부품이 과잉 생산되더라도 B부품의 생산이 이보다 부족하다면 완전한 제품이 만들어질 수 없다.

이 완전 자동화 공장에서는 각 부품이 일정한 비율로 생산되도록 각각의 부품의 생산기계를 조절해야만 한다.

세포공장에서의 부품 생산은 실로 정확하게 조절되고 있다. 영양물로서 운반되어 오는 부품의 소재는 꼭 일정한 비율로만 보급된다고는 할 수 없고, 식사 직후에는 그 소재가 많이 공급되고, 공복 시에는 거의 공급되지 않는다.

그와 같이 소재의 공급이 없는 경우에는 그것을 처리하는 공작 로봇, 즉 효소군을 많이 준비해 두는 것은 낭비이다. 그 소재가 많이 운반되어 왔을 경우에만 그것을 처리하기 위한 효소를 만드는 일이 세포에서는 자주 행해지고 있다.

잘 알려져 있는 세균의 예를 소개하기로 하자.

'젖당'은 우유 등에 포함되어 있는 당의 일종으로 대장균에서
는 그 젖당 분자가 세포 속으로 들어가면 그것을 분해하는 효소군
(β-갈락토시다아제 등)이 생산된다. 그러나 젖당 분자가 없을 때는
이 효소들은 거의 나타나지 않게 되어 버린다. 그것은 젖당이 존재
할 때에만 이들 효소의 합성에 주형으로 활동하는 유전자가 왕성

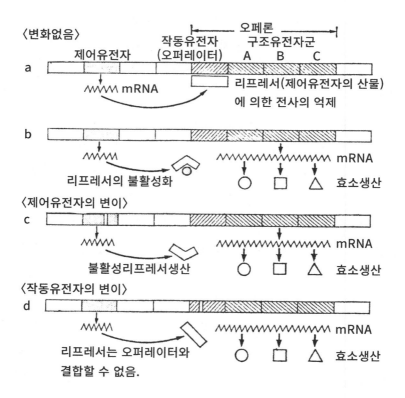

15-1. 유전자 전사의 조절. 유전자 발현의 조절 기구와 변이로 인한
조절의 변화.

하게 발현하기 때문이다.

그림 15-1에 보인 것과 같이, 젖당이 세균세포 안으로 섭취되었을 때, 그것을 분해하기 위한 효소로는 세 가지가 있다.

그것들의 설계도가 되는 유전자는 DNA 사슬의 어떤 장소에 배열되어 있다. 그 끝(그림 15-1에서는 왼쪽)에 RNA 합성효소가 결합하여 전사를 시작하는 곳이 있다. 그런데 젖당이 없는 경우에는 '리프레서'라고 불리는 다른 단백질이 RNA 합성효소의 결합부위를 점령하여 전사를 방해하고 있다. 그 때문에 3개의 효소 단백질은 합성되지 못하게 되어 있다.

지금 여기에 젖당분자가 대장균 속으로 들어오면 젖당은 '리프레서 단백질'에 결합하여 그 형태를 변화시켜 불활성화시켜 버린다. 즉, 젖당이 결합한 리프레서는 RNA 합성 효소의 결합 부위를 점령하는 기능을 잃어버리고 만다.

그 결과 RNA 합성 효소는 전사를 개시하고, 만들어진 mRNA의 설계도에 따라 앞의 3종류의 단백질이 합성된다. 이후 세균은 세포 밖의 젖당을 활발하게 받아들여 그것을 분해하기 시작한다. 이 분해 산물은 다시 다른 효소군에 의해 제품의 조립에 이용되고 세포를 구축하는 데 쓰인다. 그것은 제품의 소재가 공급되었을 때, 그 소재 자신이 자동화 공장의 작업 설계도가 전개되도록 작용하는 하나의 예이다. 리프레서와는 반대로 젖당 분해 유전자의 전사를 촉진하는 인자도 있다. 이 인자는 리프레서 결합 부위 바로 왼쪽 옆에 결합하여 mRNA의 합성을 촉진시킨다. 그 결과로 젖당 분해 효소가 활발하게 생산되어진다.

이와 같이 과잉생산된 부품 A가 그 부품의 설계도가 펴지는 것을 저지하거나 또는 다른 부품 B의 생산을 촉진하게 함으로써, A, B 부품의 비율이 일정하게 유지되고 최종 제품의 생산이 능률적으로 이루어지게 하는 기구가 동물 세포를 비롯한 많은 세포공장에서 보인다. 그리고 이들의 억제에는 젖당 분해 효소 유전자의 리프레서와 비슷한 갖가지 억제인자가 참가하여 여러 가지 방법으로 기능을 다하고 있다.

어떤 단백질 합성의 주형이 되는 유전자를 '구조유전자'라고 한다. 또 그 단백질의 생산을 촉진하거나 억제하는 인자(예를 들어 리프레서)를 만들기 위한 유전자를 '제어유전자'라고 한다. 앞의 젖당 분해 효소의 리프레서는 젖당 분해 효소의 구조유전자 바로 옆의 DNA를 설계도로 하여 만들어진다. 이 유전자는 젖당 분해 효소의 제어유전자인 동시에 리프레서 단백질의 구조유전자이기도 하다.

DNA 위에서 리프레서가 결합하는 장소는 '오퍼레이터'라고 불려지며, 이와 같은 장소를 포함하여 '작동유전자'로 부르기도 한다.

16. 특수한 염기 배열

위로부터 읽거나 아래서부터 읽어도 같은 문장이 있다. 간단한 예로는

왕중왕(王中王), 산중산(山中山)

과 같은 것으로 이것을 회문(回文)이라 한다.

이같은 회문은 DNA의 암호문에서도 볼 수 있다. 앞에서도 말했듯이 DNA는 '아데닌·티민·구아닌·시토신'(A·T·G·C)이라는 4종류의 염기와 인 및 당이 결합하여 이루어진 뉴클레오티드가 단순히 연결된 사슬이므로 어디를 취하건 그 형태는 같다고 생각된다.

그런데도 'RNA합성효소'는 RNA의 합성을 시작해야 할 장소를 잘 알고 있어, 반드시 일정한 장소에서부터 전사를 시작한다.

또 그것을 저해하는 리프레서도 RNA 합성 시작부위를 정확히 겨누어 결합할 수가 있다. 이들 단백질이 어떻게 하여 DNA의 특별한 장소를 인식하는지 의문이 생길 것이다.

그런데 DNA의 염기배열의 결정이 널리 밝혀지게 되어 이들 단백질이 결합하는 부위에는 특이한 암호문으로 이루어져 있다는 사실이 판명되었다. 그것은 왕중왕, 산중산과 같이, 내리 읽든 치켜 읽든 같은 뜻으로 해독되는 회문식 암호문으로 되어 있다는 것이다. 예를 들어 겹사슬 DNA의 뉴클레오티드가 다음과 같이 배열되어 있는 경우가 있다. 다만 여기서는 윗줄의 왼쪽 절반에서부터 아랫줄의 오른쪽 절반으로 화살표처럼 더듬어 나가는 회문이다. 또 그것에 대응하는 뉴클레오티드는 아랫줄의 왼쪽 절반에서부터 윗줄의 오른쪽 절반으로 더듬어 나가는 회문으로 되어 있다.

…아아티티구티아시구티아시아아티티……

…티티아아시아티구시아티구티티아아……

이와 같은 배열을 염기(A·T·G·C)의 배열로 바꾸어 배열한 것이 그림 16-1이다. 염기의 대응 법칙이 A:T, G:C이기 때문에 회문 구조의 부분은 그림 16-1A와 같이 직선적 배열이 되기도 하며, B와 같이 십자형의 구조를 취할 수도 있는데, 이러한 변환은 가역적임을 알아 두어야 하겠다.

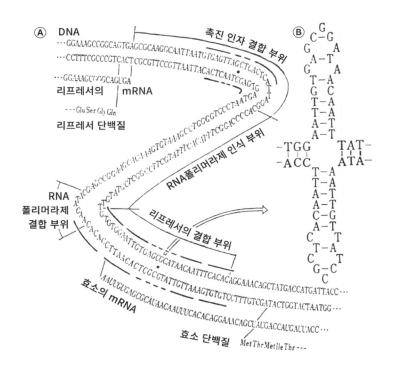

16-1. 오퍼레이터 DNA. 오퍼레이터 영역의 DNA 염기 배열. A의 횡선으로 표시한 염기 배열(리프레서 결합부위와 촉진인자결합 부위)은 회문으로 되어 있고 B에 이 부분을 특별한 형태로 변화시켜 그려놓았다.

RNA 합성 효소나 리프레서는 이와 같은 DNA의 입체적인 구조에 친화성이 있기 때문에 그곳에 특이하게 결합할 수가 있다고 생각되고 있다.

회문구조는 세균뿐만 아니라 동물 세포의 DNA에서도 많이 발견되고 있다. 더욱이 유전자 전사 시작 부위뿐만 아니라, 전사 종료 부위에도 많이 발견된다.

비히스톤단백질에 속하는 여러가지 전사억제인자는 이와 같은 부분에 결합하여 DNA를 A형으로 하거나 또는 B형으로 하고 있는 것이 아닐까? 그와 같은 구조 변환으로 어떤 경우에는 그 부분의 DNA를 기점으로 해서 전사가 활발하게 이루어지거나 또 어떤 경우에는 그것이 억제되는 일이 있는 것으로 추정되고 있다.

17. 우성·열성

유전학의 이야기 중에는 '우성유전자'라느니 '열성유전자'라느니 하는 말이 나온다. "당신의 열성유전자는…"이라고 말하면 꺼림칙하게 느끼는 사람도 있겠지만, 이것은 결코 좋거나 나쁜 유전자를 뜻하는 것이 아니므로 기분 나빠할 이유는 없다.

본래는 지면의 고도를 가리키는 데서 온 말로, 우성이란 말은 유력·우세를 의미하는 유럽어(영어로는 dominant)에서 유래했고, 열성이라는 말은 '우묵한 곳'이란 단어에서 유래한, 무력·열세를 의미하는 말(영어로 recessive)에서부터 나온 것이다. 이들 단어는 우리 세포가 가지고 있는 아버지와 어머니로부터 유래한 유전자 중 어느 쪽이 그 성질을 더 발휘하는가를 나타내기 위한 것이다.

이것을 이해하기 위해선 유전자의 분자모델을 사용하여 설명하는 편이 빠르다.

어떤 생물 중에서 황색 색소를 합성할 수 있는 종류와 합성할 수 없는 종류가 있다고 하자. 색소를 합성하기 위해서는 합성 효소가 필요하다. 황색 색소 합성 효소의 설계도가 되는 유전자, 즉 구조유전자와 그것의 제어유전자를 생각하기로 하자.

대장균의 젖당 분해 효소의 유전자군(오페론)과 같이 이 구조유전자의 전사를 촉진하는 인자와 억제하는 인자가 있어 그림 17-1과 같이 그들 유전자가 배열되어 있다고 하자. 촉진인자가 만들어져서 DNA의 P1부분에 결합하면, 색소 합성효소의 유전자의 전사가

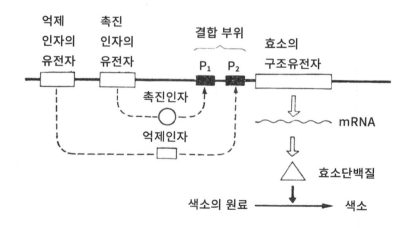

17-1. 색소 합성 효소를 조절하는 유전자.

일어나고, 그때 만들어진 mRNA의 암호에 따라 효소단백질이 합성된다. 그리고 이 효소가 작용해서 색소가 만들어진다.

그러나 억제인자가 P2에 결합하면 전사가 억제되어 효소단백질이 만들어지지 않기 때문에 색소도 만들어지지 않는다. 그렇지만 보통은 이들 인자들이 균형을 이루고 있으므로 이 생물은 황색 색소를 적당량 생산하여, 체표에 엷은 황색을 띠고 있다.

이 생물이 부친으로부터 받은 염색체의 DNA에 손상이 생겨 (예를 들어 뉴클레오티드의 치환이 생겨) 효소의 구조유전자가 설계도로서의 역할을 할 수 없게 되었다고 하자. 그래도 이 생물은 모친으로부터 받은 염색체에도 꼭 같은 구조유전자가 있으므로 황색 색소를 만들 수가 있다. 그러나 우연히도 모계에서 유래하는 구조유전자에도 손상이 일어나면, 그 생물은 색소를 생산할 수 없게 되어 백색이 되고 만다.

이 백색 생물과 보통의 황색 생물 사이에 자식이 생기면, 그의 색깔은 황색이다. 황색의 부모로부터 받은 염색체의 정상 유전자가 작용하여 색소가 만들어지기 때문이다. 담황색의 성질을 지배하는 유전자는 백색의 성질을 지배하는 유전자를 이기므로 우성이라 일컬어지고, 그에 대하여 백색의 성질을 나타내는 유전자는 열성이라고 불린다.

이번에는 억제인자를 만드는 유전자에 변이가 일어나서 쓸모가 없게 되었다고 하자. 이 생물은 짙은 황색이 될 것이다. 그 짙은 황색의 부모와 보통의 담황색의 부모 사이에 생겨난 자식은 과연 어떠할까? 담황색의 부모로부터 유래한 억제인자 유전자가 정상으

로 작용하여 억제인자가 만들어지고 이것이 짙은 황색의 부모에게
서 유래하는 구조유전자에도 결합하기 때문에 자식은 담황색이 된
다. 이 경우는 짙은 황색의 성질을 지배하는 유전자가 담황색 성질
을 지배하는 유전자에 지게 되므로 열성이라 불린다.

억제인자가 결합하는 장소의 DNA(P2)에 손상이 생겨, 인자가
결합할 수 없게 되었을 때에도 이와 마찬가지가 된다. 양쪽 염색체
에서 이와 같은 변화가 일어나면 그 생물은 짙은 황색이 되고, 이
양친과 정상적인 양친 사이에서 태어나는 자식은 담황색이 되므로
짙은 황색의 유전자는 열성이라고 판단된다.

촉진인자 유전자 또는 촉진인자 결합부분의 DNA(P1)에 변이
가 일어났을 경우는, 어느 경우라도 색소의 구조유전자에 변이가
일어났을 때와 같은 결과가 된다.

고등생물의 유전자 제어계는 대장균의 젖당 분해 효소의 오페
론과 같이 DNA의 구조로서는 아직 파악되지 않고 있지만, 교배실
험의 결과로부터 하나의 성질(예를 들어 색소생산)이 많은 유전자
에 의해 동시에 지배되고 있다는 것까지는 밝혀져 있다.

유전자를 각각 우성·열성으로 분류해 두는 것은 우성·열성을
구분하여 그것이 구조유전인자인가 아니면 억제 또는 촉진에 관계
하는 제어유전자인가를 추정하기 위해서도 아주 중요하다.

효모와 곰팡이 등의 유전자 연구가 진행됨에 따라, 여기서 말
한 것과 같은 분자모델에 적용될 만한 유전자군이 실제로 있다는
것이 최근에 와서 강력히 추측되고 있다.

혈액형의 A형 및 B형의 유전자는 O형의 유전자에 대하여 우

성으로 작용한다. O형 유전자는 혈구 표면에 A형, B형의 물질(다당류 물질)을 만들기 위한 효소를 만들 수가 없다. 그러므로 양친으로부터 받은 염색체의 혈액형 유전자가 똑같이 O형의 유전자이면 그 사람의 혈액형은 O형이 된다. 그러나 한쪽 염색체에 A형 또는 B형의 유전자가 있으면 혈액형은 각각 A형 또는 B형 된다. 그리고 난시, 원시 등은 우성유전자에 의해 지배된다고 하며, 근시의 주된 유전자는 열성유전자라 한다. 많은 유전병이 열성유전자에 의해 생겨나는데, 이것에 대하여는 뒤에서 설명하도록 하겠다.

6

유전자의 분배

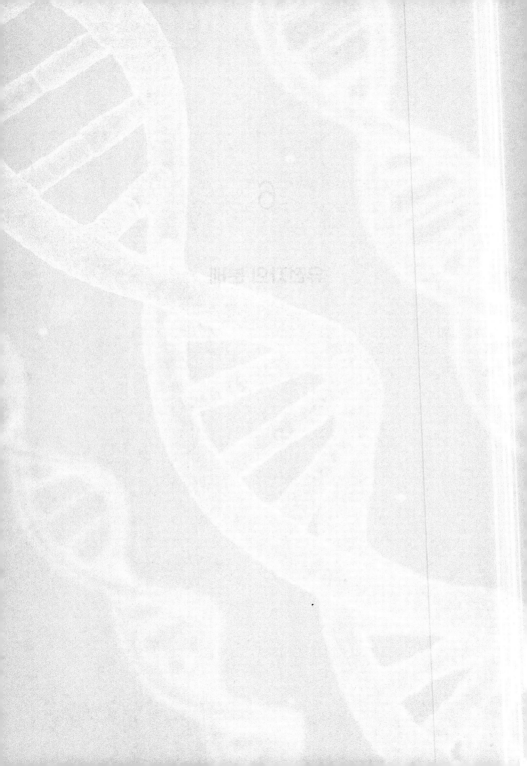

18. 이중 장부제

유전자는 포지티브사슬, 네거티브사슬 2개가 합쳐진 형태로 보존된다고 설명했다. 그러므로 한쪽에 손상이 있어도 다른 쪽을 주형으로 하여 수복을 할 수 있다.

세균 등의 하등생물은 겹사슬 DNA 중 한 가닥만을 세포 속에 가지고 있다. 만일 포지티브사슬과 네거티브사슬의 양쪽 모두가 손상을 입었을 때는 DNA가 원래의 형태대로 복원될 수가 없으므로 세포는 죽고 만다. 이와 같은 생물에서는 유전자 암호문의 수가 적기 때문에 DNA의 사슬도 짧다(인간의 DNA 길이의 100분의 1).

그래서 공장경영이 소규모여서 빨리 분열·증식을 할 수 있다. 그러므로 세균은 DNA의 손상으로 죽는 일이 많지만, 개체 수를 빨리 증가시킬 수 있기 때문에 종족보존이 가능하다.

세균은 충분한 영양이 있는 적당한 환경에서는 한 개의 세포에 두 가닥의 겹사슬 DNA를 가지는 때도 있다. 이럴 경우에는 원래의 형태로 복원이 안 되는 기회가 훨씬 적어진다. 그러나 진화하여 유전자의 수가 증가하고 복잡한 기능을 갖게 된 생물에서는 이와 같은 방법만으로는 충분하지 않다.

예를 들어 곰팡이처럼 약간 진화한 생물에서는 겹사슬 DNA를 언제나 2벌씩 가지고 있다. 이것은 우리 인간도 마찬가지여서 자신의 필요한 단백질을 위한 설계도를 원본과 부본의 2벌의 장부로써 보관하고 있다. 원본도 부본도 각각 포지티브사슬과 네거티브사슬을 합친 겹사슬 DNA로 되어 있다. 여기에서는 편의상 원본과 부본으로 이름을 붙였지만, 어느 쪽도 같은 겹사슬의 DNA라서 기능에는 구별이 없다. 고등 세포가 가지고 있는 2벌의 유전자 장부 중에서 한 벌은 부친으로부터 다른 한 벌은 모친으로부터 온 것이다.

그림 18-1에는 1개의 세포가 가지고 있는 염색체를 장부로 비유해 그려놓았다. 모친에게서 유래하는 염색체 즉, 유전자 장부는 암호문이 정리되어 대·중·소의 3개의 소책자로 나누어져 있다. 부친에게서 유래하는 염색체도 마찬가지로 3개의 소책자로 나누어져 있다.

그리고 부친에게서 유래하는 제1소책자(제1염색체)와 모친에

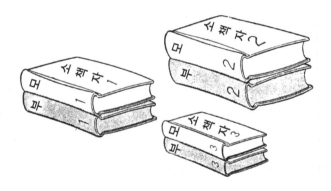

18-1. 고등생물의 염색체. DNA에 쓰여 있는 많은 유전자 암호문을 수용한 장부는, 염색체라고 하는 몇 개의 소책자로 나누어져 있다. 각각 소책자의 크기는 가지가지이고, 같은 크기의 것이 2개씩 되어 있고, 그 내용의 유전자 종류도 거의 같다. 2개 중 하나는 아버지, 다른 하나는 어머니로부터 받은 복사판이다.

게서 유래하는 제1소책자의 크기는 같고, 그 속에 쓰여 있는 암호문(유전자)의 종류도 기본적으로는 거의 같으며, 표현 방법이 약간 다르다고나 하면 좋을 듯싶다. 제2, 제3의 소책자도 마찬가지로 부모의 각각에서 유래한 같은 소책자는 그 속에 쓰여진 암호문의 종류가 거의 같다.

이같이 부친과 모친에게서 유래한 한 벌의 소책자, 즉 염색체는 서로 그 크기나 형태, 그리고 그 내용인 유전자의 종류가 같으므로 '상동염색체'라고 불린다.

이와 같은 이중 장부제는 세무서의 눈을 속이거나 분식결산을 하기 위한 것이 아니다. 그것은 만일의 경우, 한쪽 장부가 파손되더라도 다른 한쪽 장부에 있는 설계도를 원본으로 하여 세포에 필요한 단백질을 만들 수 있도록 정확한 것을 두 벌씩 보관한다는 생물의 조심성을 여실히 보여주고 있다. 또 이중 장부제의 다른 이점 하나는 뒤에서도 말하겠지만 생물의 종족보존과 진화에서 나타난다.

고등생물에서는 세포가 분열하기 전에 두 벌의 염색체가 각각 복제되어 그림 18-2b에 보인 것처럼 네 벌이 된다. 이때는 각각의 염색체에 포함되어 있는 겹사슬 DNA가 앞에서 설명했듯이 기존 포지티브사슬로부터 새로운 네거티브사슬을, 기존 네거티브사슬로부터 새로운 포지티브사슬을 복제하여, 새로운 염색체 2개를 만든다(63쪽 참조). 모든 염색체는 이같이 2개씩 복제되어 전체로는 4벌이 되는 것이다.

세포분열로 2개의 세포가 될 때에 4벌의 염색체는 2벌씩 각각의 세포에게 분배된다. 이때는 그림 18-2c와 같이

부친에게서 유래하는 각각의 소책자 1벌

모친에게서 유래하는 각각의 소책자 1벌

이 정확하게 1개의 세포에 분배된다.

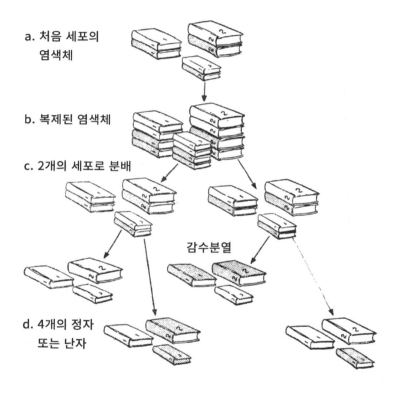

a. 처음 세포의
　 염색체

b. 복제된 염색체

c. 2개의 세포로 분배

감수분열

d. 4개의 정자
　 또는 난자

18-2. 세포분열 때의 유전자 장부의 복제와 분배. 모친 유래의 염색체 1, 2, 3을 흰색 장부로, 부친 유래의 염색체 1, 2, 3을 흑색 장부로 표시하였다.

이것은 일반 체세포의 경우이며, 정자나 난자 등의 생식세포의 생성은 그 경우가 조금 다르다. 생식세포가 분열을 반복하여 정자와 난자로 될 때는 염색체의 복제가 체세포분열에 비해 한 번 빠지게 되고, 세포분열만을 하게 된다. 그 때문에 2벌이었던 염색체는 1벌만으로 되어 버린다. 이것을 '감수 분열'이라고 한다(그림 18-2d).

정자와 난자는 세 권으로 된 소책자를 한 벌씩 물려받지만, 그 세 권의 소책자 중에서 어느 것이 아버지 또는 어머니로부터 유래하는 소책자가 될 것인지는 결정되어 있지 않으며, 여러 가지의 조합이 일어날 수 있다.

수정에 의하여 생긴 수정란은 정자가 가졌던 3권의 소책자와 난자가 가졌던 3권의 소책자를 받아 다시 2벌의 염색체를 갖게 된다. 그리고 수정란의 분열로써 형성되는 생물의 몸의 모든 세포가 2벌의 염색체를 지니게 된다.

여기서 예로 든 생물에서는 3권으로 된 소책자 두 벌의 염색체를 가지고 있지만, 우리 인간의 경우는 체세포의 염색체는 전부 46개이므로 23권의 소책자로 된 유전자 장부를 2벌(부모 각각에서 유래한) 가지고 있다. 그러므로 우리의 정자와 난자는 23권의 소책자를 1벌씩 갖고 있는 셈이다.

19. 염색체의 분배

의학이나 생물학 연구실에 가면 대개 '근교계(近交系)'인 생쥐를 많이 기르고 있다. 약의 정확한 작용을 조사하기 위하여는 이와 같은 근교계 동물이 필요하기 때문이다.

야생쥐를 사용한 경우에는 개체차가 있어 어떤 때는 약의 효력이 있고, 어떤 때는 효력이 없다는 결과가 나와 실험의 재현성(再現性)을 추구하기 어렵다. 근교계인 실험동물은 어느 개체의 경우라도 유전자가 거의 동일하다고 할 수 있어서 약의 효력을 조사할 때 정확한 실험자료를 얻을 수 있다.

근교계의 동물이란, 어떤 한 쌍의 부모로부터 출발하여 그 자식들 중, 오빠—여동생, 누나—남동생 사이에서 자손을 만들고, 또 그 자손의 경우도 마찬가지로 교배하여 다음 세대의 자식을 만든 경우다. 몇 대를 거쳐 근친결혼을 계속하여 후손을 만드는 것이다. 그 결과 최초의 양친의 유전자 중에서 특정의 것만이 계승되어 어느 개체를 취하건 같은 유전자를 가지고 있음을 알게 된다. 왜 그렇게 되는가는 다음에 다시 설명하겠다.

생쥐는 몇 가지의 근교계가 만들어져 있다. 어떤 계통은 털색이 검고 꼬리가 짧으며 귀가 작다. 또 다른 계통은 전부 흰 털에 긴 꼬리와 큰 귀를 가지고 있다. 같은 계통의 쥐는 형태는 물론 세포 안의 효소도 같고 여러 가지 성질도 거의 같다.

앞에서 말했듯이 고등동물의 DNA는 몇 개의 염색체로 나누어져 있다. 수정에 의해 부친의 염색체와 모친의 염색체가 혼합되어 자식의 세포에 전달된다. 인간을 포함하여 자연계의 동물들은 아버지와 어머니로부터 약간씩의 다른 염색체를 받고 있지만, 근교계의 동물은 아버지로부터 유래하는 염색체와 어머니로부터 유래하는 염색체가 완전히 같은 유전자로 되어 있다.

털이 검고, 작은 귀를 가진 쥐는 다음과 같은 크고 작은 카드 (염색체)를 2장씩 가지고 있다.

부모	흑색의 털	작은 귀	형질은 검은 털과 작은 귀
	흑색의 털	작은 귀	

털이 희고, 큰 귀를 가지는 쥐는 다음과 같은 카드를 2장씩 갖는다.

부모	백색의 털	큰 귀	형질은 흰 털과 큰 귀
	백색의 털	큰 귀	

부모는 자신의 염색체를 혼합하여 1벌씩(여기서는 큰 카드 1개와 작은 카드 1개)을 자식에게 건네준다. 이 두 계통의 부모일 때는 아무리 혼합시켜도 다음과 같은 조합밖에 성립되지 않는데, 즉 그 자식은

자식	흑색의 털	작은 귀	형질은 검은 털과 큰 귀
	백색의 털	큰 귀	

로 표현된다.

여기서 흑색이 백색에 대해 우성이고, 큰 귀가 작은 귀에 대해 우성이라 하면 결국 그 쥐는 검은 털과 큰 귀의 형질을 가진 쥐가

되는 것이다.

　이같이 하여 생긴 두 마리의 자식으로부터 손자가 생겼다고
하자. 이번에는 두 마리의 좌우의 카드를 섞어 크고 작은 카드 1개
씩의 1벌을 손자에게 건네주므로 손자가 받은 카드는 그림 19-1과
같이 9가지의 조합이 된다. 그때, 표현되는 형질로서는 검은 털과

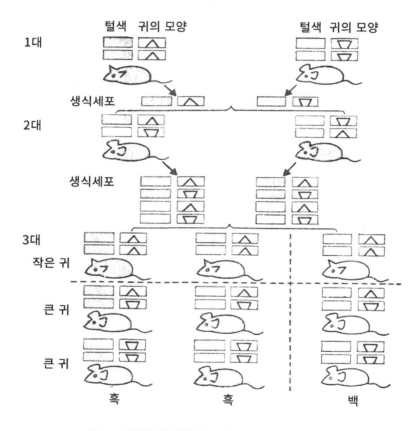

19-1. 각각의 염색체에 실려 있는 유전자의 분배.

작은 귀, 검은 털과 큰 귀, 흰 털과 작은 귀, 흰 털과 큰 귀와 같은 모든 조합이 나타나는 것이 특징이다.

그러면 1개의 염색체에 2개의 유전자가 실려 있을 경우는 어떻게 될까? 검은색의 부모는 짧은 꼬리를 가지고 있고, 흰색의 부모는 긴 꼬리를 가지고 있다고 하자. 두 유전자는 한 카드에 있고 카드는 한 벌씩 있으므로

부모	흑색, 짧은 꼬리	형질은 흑색의 털과
	흑색, 짧은 꼬리	짧은 꼬리

부모	흰 색, 긴 꼬리	형질은 흰 색의 털과
	흰 색, 긴 꼬리	긴 꼬리

로 나타난다.

이 양친으로부터 태어난 자식은 앞의 경우처럼 다음과 같은 조합의 카드밖에 가지고 있지 않다. 그리고 긴 꼬리가 짧은 꼬리에 대하여 우성이라 한다면,

자식	흑색, 짧은 꼬리	형질은 흑색의 털과
	흰 색, 긴 꼬리	긴 꼬리

로 표현된다.

그런데 앞의 경우와는 달리 이렇게 태어난 두 마리의 자식으

로부터 태어나는 손자의 카드는 다음의 세 가지 조합밖에는 나올
수가 없다.

흑색, 짧은 꼬리
흑색, 짧은 꼬리

형질은 흑색의 털과 짧은 꼬리

흑색, 짧은 꼬리
흰 색, 긴 꼬리

형질은 흑색의 털과 긴 꼬리

흰 색, 긴 꼬리
흰 색, 긴 꼬리

형질은 흰 색의 털과 긴 꼬리

즉, 흰색의 털에 짧은 꼬리를 가지는 손자는 태어나지 않는다.

이와 같은 교배 실험을 통해서 몇 가지 유전자가 각각 다른 염
색체에 존재하는가, 아니면 같은 염색체에 존재하는가를 구별할 수
있다. 두 개의 유전자가 같은 염색체에 있을 때는 이러한 두 개의
유전자는 '연관(聯關)되어 있다'라고 말한다.

20. 유전자 문집의 개정판 만들기

체세포는 2개의 유전자 장부를 가지고 있으므로 한 쪽의 유전자가
손상을 입더라도 다른 한쪽의 유전자를 이용하면 우선은 정상으로
생활할 수 있고 수많은 체세포가 모여서 된 개체의 생활도 계속할

수 있다.

　그런데 이와 같은 암호문의 결함이 생식세포를 통해 자식이나 손자에게 전달된다. 그 전달이 많은 세대를 거침에 따라 그 생물의 자손의 부계 염색체에도 모계 염색체에도 많은 결함이 쌓여 가게 된다. 마침내는 부계 염색체의 문집과 모계 염색체의 문집에 쓰여 있는 같은 효소 유전자의 암호문이 결함을 가지는 기회가 많아지게 된다. 그렇게 되면 그 종족(種族)의 생물은 멸망할 수밖에 없다.

　포지티브사슬과 네거티브사슬의 어느 한 쪽이 손상되었을 때는 한 쪽의 원본이 남아 있어 수정이 가능했다. 그렇지만 일단 양쪽이 모두 손상되어 두 암호문집에 동시에 결함이 생겼을 때는 무엇을 기준으로 하여 복원해야 할지 모르게 된다.

　그러나 생물은 자기종족을 보존하기 위해서 이 같은 암호문의 결함의 축적을 해소하여야만 된다.

　이를 위하여 자연은 또한 교묘한 방법을 생각해냈다. 이것이 '재조합'이라는 방법으로 행하여지는 암호문집의 소책자 또는 페이지의 교환이다.

　생물, 예를 들어 인간은 이를 위해 우선 '생식세포'라는 특별한 세포를 만들고, 거기에 각각 23권으로 된 암호문의 소책자를 분배한다. 체세포분열 때에는 각각의 자손세포는 필수적으로 각 소책자를 두 벌씩, 합계 46권을 가지게 되어 있으므로 어느 자손세포도 부계 유래의 23권의 소책자와 모계 유래의 23권의 소책자를 지닌다. 그러나 '생식세포'는 소책자를 23권밖에 가지고 있지 않고, 더욱이 그것들은 아버지와 어머니로부터 유래한 소책자가 혼합된 것이라는 것도 앞에서 이미 설명한 그대로이다 (그림 18-2).

즉, 어떤 정자세포가 가지고 있는 23권 중 부계 유래의 소책자가 압도적으로 많을지도 모르고, 또는 모계에서 유래하는 소책자가 반 이상을 차지할 가능성도 있다. 난자에 대해서도 마찬가지여서 부모의 각각으로부터 오는 비율이 일정하지 않다. 이 두 개의 생식세포가 융합한 후, 이것을 기점으로 하여 새로운 개체가 만들어지는데 이 새로운 개체의 할아버지(두 사람)와 할머니(두 사람)의 소책자(염색체)가 새로운 개체 속에 임의로 섞여 있게 된다.

만일 새로운 개체가 받은 소책자의 암호문의 결함이 심하면 그 개체는 죽어버리지만, 우연히도 좋은 소책자만을 받을 수 있었던 새로운 개체는 살아남게 되어 그 정상적인 유전자 암호문을 다음 세대에 전달할 수가 있다.

결국 생물은 카드놀이 하는 경우처럼 혼합된 소책자들 중에서 좋은 패를 잡은 개체에게 그 종의 장래를 기대하는 방법으로 유전자의 결함을 보충하고 있다.

유전자 결함의 보충을 위한 또 다른 하나의 방법으로 유전자 암호문집의 '페이지 교환'이란 것이 있다. 세포는 감수분열을 하기 전에 특수한 세포분열을 한다. 이때는 염색체수는 줄어들지 않고, 부계에서 유래하는 염색체와 그것과 대응하는 모계에서 유래하는 염색체(상동염색체)의 DNA 중간에서 절단과 재결합이 이루어진다.

DNA 사슬은 그림 20-1에서와 같이 그 일부가 서로 교차되어, 이른바 '재조합' 현상을 일으킨다. DNA 사슬이 교차한 곳에서는 절단이 일어나서 부계의 절단된 끝이 모계의 절단된 끝에 연결되어, 결과적으로 각각의 사슬의 일부가 다른 사슬로 삽입되고 만다. 이것은 말하자면 암호문집의 페이지 교환과 같은 것이다.

　이런 방법으로 부모의 각각의 문집을 섞은 후에 그중의 한 벌만을 생식세포로 보내주고 있는 것이다. 이 경우에도 전과 마찬가

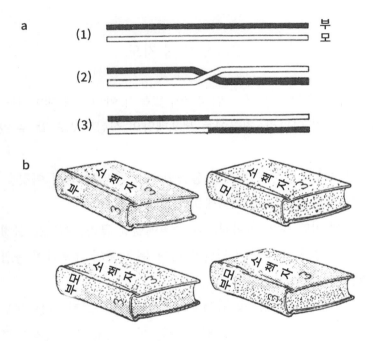

20-1. DNA 재조합에 의한 유전자 장부의 페이지 교환. a: 부계 유래의 겹사슬 DNA(흑)와 모계 유래의 겹사슬 DNA(흰색)의 뉴클레오티드 배열의 부분이 같을 때(1) 그곳에 사슬의 교차가 일어나서 절단되고(2), 다시 연결되어 재조합이 일어난다(3). b: 그 결과 염색체 일부가 교환된다. 이것은 유전자 장부의 일부 페이지가 교환된 것이 된다.

지로 우연히 좋은 조합을 가지는 세포만이 생존경쟁을 이겨내어 살아남게 된다.

이러한 방법으로 생물은 단순히 정상적인 자손을 만들 뿐만 아니라 보다 우수한, 보다 좋은 자손을 만들 수 있다. 이것이 결국 생물 진화의 추진력이 된다.

21. 염색체 지도

두 종류의 유전자가 같은 염색체에 있는지 아닌지에 대하여는 교배 실험뿐만 아니라, 최근에는 세포배양의 실험으로도 알 수 있게 되었다.

조사하고 싶은 인간이나 동물의 세포를 떼어 와서 이것을 암세포와 같은 증식을 잘하는 세포와 함께 배양한다.

이때 어떤 종의 바이러스나 폴리에틸렌 글리콜이라는 물질을 가하면, 그것들이 접착제 역할을 하여 두 세포의 세포막이 융합하여 한 개의 세포가 된다.

이 세포는 암세포의 염색체와 함께 조사하고자 하는 세포의 염색체도 포함하고 있지만, 배양을 계속하는 동안에 그것의 일부가 점점 소실되어 간다. 어떤 형태의 염색체가 탈락되었을 때 그 세포가 가지고 있는 성질(예를 들어 효소생산의 능력)의 소실 유·무를 관찰하면 염색체의 종류와 그 유전자가 어느 염색체에 존재하는지를 확실히 알 수 있다.

동일 염색체에 있는 두 가지의 유전자는 보통 부모로부터 자식에게 두 개가 함께 전달된다. 그렇지만 생식 세포가 만들어지기 전에 크로마틴(염색질)의 DNA와 DNA 사이에서 교환이 일어날 수 있다.

DNA의 교환은 일반적으로 동일하거나 또는 아주 비슷한 염기 배열을 하는 부분에서 그림 20-1과 같이 일어난 염색체 사이의 교차에 의해 생긴 두 단편들이 교차점에서 서로 엇바뀌어 각 염색체에 연결됨으로써 일어난다. 아주 비슷한 염기배열은 상동염색체(90쪽 참조)의 곳곳에 있으므로 부모 각각으로부터 온 상동염색체의 DNA 사슬 사이에 교환이 일어난다.

서로 손을 잡은 사람의 긴 대열이 있고, 임의로 이 대열의 어느 곳인가가 끊어진다고 가정해보자. 긴 대열의 오른쪽 끝의 사람과 왼쪽 끝의 사람이 손을 놓아 대열이 끊어지는 기회는 많아도 대열 속의 양 이웃 사람이 손을 놓아 대열이 끊어지는 확률은 적다. 이와 마찬가지로 이 DNA 사슬 위에 서로 인접하는 유전자 사이에서보다 서로 멀리 떨어져 있는 유전자 사이일수록 교차가 일어나는 가능성이 많다. 즉, 서로 가까이 있는 유전자 사이일수록 서로 끊기고 바뀌는 기회는 적어진다. 교차는 멋대로 아무 데서나 일어나므로 2개의 유전자가 교환되어 다른 염색체로 이동하는 빈도를 조사하면, 그 2개의 유전자 사이 대강의 거리가 추정된다. 이같이 하여 몇 개의 유전자의 상대적 거리가 계산되어 어느 유전자가 염색체의 어느 위치에 있는가를 기입하면 그림 21-1과 같은 '염색체 지도'가 만들어진다. 세균과 같은 한 개의 겹사슬 DNA만을 가진 생물의 경우에서도 접합에 의하여 일어나는 유전자의 전달 때 빨리 다른 균으로 들어가는가 아니면 늦게 들어가는가로 유전자의 상대적 거리를 추정할 수 있다. 또한 박테리오파지에 의해 유전자가 운반될 때는 2개의 유전자가 동시에 운반되는 빈도를 조사하는 방법도 사용된다(123쪽 참조).

인간 등의 고등생물의 유전자 지도를 작성할 때는 이 밖의 많은 데이터가 유력한 참고자료가 된다. 염색체의 한쪽 끝이 잘려져 그 절편이 다른 염색체의 절단된 곳에 연결되는 경우가 있다. 이것

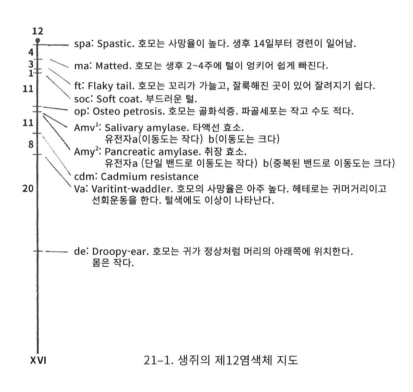

21-1. 생쥐의 제12염색체 지도

을 '전좌(translocation)'라고 한다. 전좌가 일어날 때 어떤 형질이 그 염색체로 이동했는가를 조사하면 전좌한 염색체의 절편에 그 형질의 유전자가 있다는 것을 알 수 있다.

7

바이러스 유전자

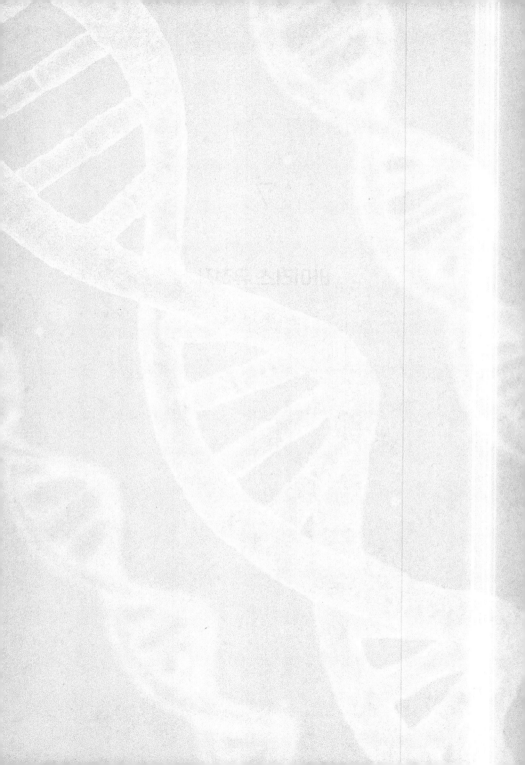

22. 침략자 바이러스

'처마를 빌어 안채를 차지한다'라는 속담이 있다. 옛날에 오랫동안 부지런히 일해 가까스로 집을 마련한 돌쇠라는 이가 있었다. 어느 날 초라한 차림새의 한 남자가 찾아와서 "죄송하지만 장사를 좀 할 수 없을까요? 아니, 그저 댁의 처마 밑에 물건을 벌여 놓을 수 있게만 해 주신다면…"라고 간청했다. 마음씨가 고운 돌쇠는 승낙을 하고는 그 사람에게 여러 가지로 편의까지 도모하며 장사를 원조해 주었다.

도로와 가까운 이유도 있고 하여 그의 장사는 번창했다. 이윽고는 돌쇠에게 가게를 확장해야 하겠으니 문간방을 빌려달라고 부탁했다. 돈이 많이 벌리자 사랑채를 빌려 점포를 확장하고 또 확장하고……. 결국엔 그 집을 전부 차지하게 되었다. 결국 돌쇠는 그 집에서 쫓겨나는 비참한 신세가 되었다. 바이러스도 이와 같다. 냉혹한 침략자이다.

세포라고 하는 자기복제 공장을 생각해 보자. 많은 수의 공작 로봇이 일하는 공장 중앙에는 '핵'이라는 설계도의 관리실이 있으며 원부에 있는 DNA로부터 복사된 RNA가 끊임없이 관리실 밖으로 내보내진다. 단백질 합성기는 이 복사판을 받아 그 암호문에 따라 로봇(단백질)를 만들며, 만들어진 로봇은 공장 속에서 일을 하며 돌아다닌다.

이곳에 어느 날 바이러스가 찾아온다. 비교적 짧은 유전 암호문으로 쓰인 DNA 또는 RNA를 자그마한 단백질의 상자 안에 넣은 것이 바이러스이다(그림 22-1). 이 상자가 세포 공장에 들어오면 뚜껑이 열리고 암호문이 이 작은 상자로부터 밖으로 나오게 된다. 이 과정은 몰래 살짝 일어나기 때문에 세포는 전혀 알아채지 못한다.

이 암호문이 DNA이라면 로봇의 일종인 DNA 합성효소가 와서 공장의 DNA에 대한 것과 꼭 같은 방법으로 이 상자 밖으로 나온 DNA를 복제한다. 바이러스의 DNA는 이렇게 해서 점점 늘어나게 된다. 또 RNA합성 로봇은 이 DNA의 암호문을 충실히 복사하여 RNA를 많이 만든다.

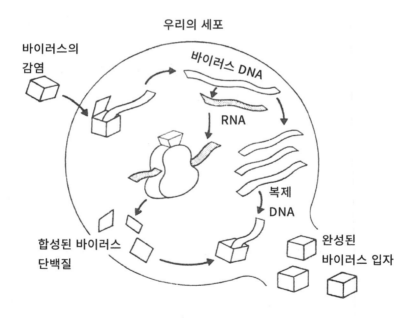

22-1. 바이러스의 세포 속에서의 활동

이 RNA에는 바이러스 단백질의 설계도에 해당하는 암호가 쓰여 있다. 이것이 단백질 합성기로 보내어지면 바이러스 상자에 해당하는 단백질이 암호에 따라 계속 만들어진다. 복제에 의해 불어난 바이러스의 DNA는 준비된 많은 상자 속에 넣어져 뚜껑이 닫히고 새로운 바이러스가 많이 생긴다. 이와 같이 하여 바이러스가 세포공장 속에 꽉 차 버리게 되는 것이다.

또 바이러스에 따라서는 그 암호문 위에 공장의 기계를 파괴할 수 있는 로봇의 설계도가 그려진 경우도 있다. 세포의 충실한 로봇들은 그 설계도를 읽고 공장을 파괴하는 로봇을 만들기 때문에 이러한 바이러스가 충만하게 되면 파괴 로봇은 공장의 기계를 닥

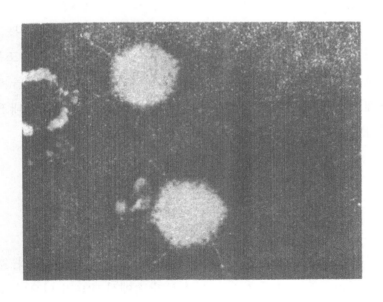

22-2. 바이러스의 전자현미경 사진

치는 대로 파괴하여 세포공장을 폐허로 만든다. 이렇게 하여 복제된 나쁜 암호문을 수용한 수많은 상자는 공장을 뛰어나가 또 다른 가까운 공장으로 들어가 다시 그 공장을 파괴한다.

바이러스 상자에 들어 있는 유전자가 RNA인 경우도 거의 같은 일이 일어난다. 바이러스 RNA는 세포의 효소의 작용으로 증식하고 바이러스의 단백질도 거기에 쓰인 암호문에 따라 합성되어 양자가 한 몸이 되어 새로운 RNA 바이러스가 수많이 만들어진다.

이같이 바이러스의 구조는 간단한 단백질 상자 속에 그 단백질을 위한 설계도를 넣었을 뿐인 것이라고 할 수 있다. 세포처럼 영양소라는 소재를 섭취하여 아미노산이라는 부품을 만들고 단백질을 합성하는 능력을 바이러스는 전혀 가지고 있지 않다.

또 영양소를 태워 에너지를 만드는 기관도 갖추지 않았다. 그러나 자신의 단백질 합성을 위한 유전암호를 기록한 DNA 또는 RNA를 다른 세포에 넣어보냄으로써 그 세포에게 자신의 몸을 만들게 하고 있다. 자신은 어떤 건설적인 일도 하지 않는 회사 내 약탈자와 같은 모습, 그것이 일반적인 바이러스의 형태이다.

23. 게으름뱅이 바이러스와 운반자 바이러스

바이러스 중에는 그다지 증식을 하지 않는 게으른 것도 있다. 이런 바이러스가 세포에 침입하여 그 상자 속에서 DNA가 나오면, 그 DNA는 핵 속에 들어가 세포의 DNA와 결합해 버린다. 그 방법은 그림 23-1과 같이 세포 DNA 사슬의 적당한 곳을 잘라내고 바이러스 자신의 DNA를 삽입하여 세포의 DNA를 원래의 형태대로 연결시키는 것이다.

그러나 절단, 삽입, 재조합의 작업은 대개 바이러스가 하는 것이 아니라, 세포의 효소에 의하여 이루어진다.

게으름뱅이 바이러스가 세포로 침입하여 그것의 DNA가 세포의 DNA에 삽입되어도 그 세포에는 아무런 일도 일어나지 않고, 이전과 같은 생활이 영위된다. 그리고 세포분열 시에는 DNA 복제가 평소와 같이 일어난다. 더욱이 바이러스 DNA가 삽입된 부분도 다른 부분과 함께 복제가 된다.

그래서 괴상한 일이 생기게 된다. 즉, 이와 같은 세포의 자손은 몇 대를 거쳐 분열한 뒤에도 처음에 침입한 바이러스의 유전암호를 꼭 한 개씩 자신의 DNA 위에 가지고 있게 된다.

이대로만 그냥 있다면 사실 그리 문제가 되지 않는다. 그러나 곤란한 것은 이 바이러스 DNA의 암호문이 때때로 세포 DNA에서 떨어져 나와 세포의 효소에 의해 복제 현상이 일어나는 점이다. 일단 복제가 시작되면 이 DNA가 RNA로 복사되어 바이러스 단백질이 생산된다. 그래서 침략자 바이러스에 감염했을 때와 마찬가지로 수많은 바이러스 입자가 세포를 점령하고 결국 그 세포는 파괴되고 만다. 바이러스 DNA가 세포 DNA에 들어간 후에 그 세포가 증식하여 세포의 많은 자손들이 그들의 DNA의 일부로서 바이러스 DNA를 가지게 되면, 여기저기의 세포에서 이와 같은 바이러스의 증식과 세포의 파괴가 일어난다.

우리에게 구강염, 포진(梅疫), 신경염 등을 일으키는 헤르페스라는 바이러스를 비롯하여 여러 가지 바이러스가 게으름뱅이 바이러스의 일종으로서 우리 주위에 존재하고 있다. 그것들이 우리에게 감염되면 꽤 긴 잠복기를 거친 후에 증상이 나타나기 때문에 감염 시기도 알기 어려울뿐더러 예방도 어렵다.

게으름뱅이 바이러스 중에는 세포의 유전자를 운반하는 운반 바이러스도 있다. 운반 바이러스가 세포에 감염하여 자신의 DNA를 방출하고 그 DNA가 세포의 DNA에 삽입되는 과정은 앞에서 설명한 경우와 같다. 얼마 후 바이러스 DNA가 세포 DNA에서 떨어져 나갈 때 바이러스 DNA의 옆에 있는 세포 DNA의 일부와 결합한 채로 떨어져 나가는 경우가 있다. 세포 DNA의 일부를 결합시킨 바이러스 DNA는 앞에서 설명했듯이 세포 속의 효소에 의해 복제된다. 그리고 앞 경우와 마찬가지로 바이러스 RNA가 만들어지고 이어 바이러스 단백질이 만들어진다. 바이러스 단백질에 의해 상자가 만들어지면 바이러스 DNA는 세포 DNA와 결합한 채로 이 상자 속으로 들어가는 것이다(그림 23-1).

운반 바이러스는 게으름뱅이인 동시에 좀 불손하다. 그래서 일은 그다지 하지 않으면서 남의 유전자에 끼어들어 빈둥빈둥 놀며 살아간다. 그러다가 문득 생각이 나서 그곳을 나올 때도 남의 DNA 일부분을 같이 가지고 나와 버린다.

이와 같은 운반 바이러스가 세포 DNA를 가지고 자기 상자 속으로 들어가면 침략자 바이러스처럼 세포를 파괴하여 외부로 뛰어나온다.

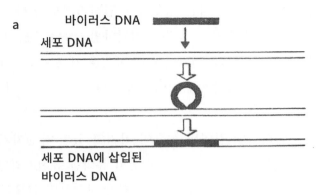

a 바이러스 DNA

세포 DNA

세포 DNA에 삽입된
바이러스 DNA

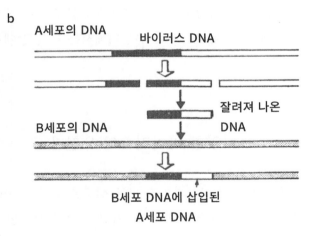

b A세포의 DNA

바이러스 DNA

잘려져 나온
DNA

B세포의 DNA

B세포 DNA에 삽입된
A세포 DNA

23-1. 게으름뱅이 바이러스와 운반자 바이러스의 DNA. a: 게으름
뱅이 바이러스의 DNA는 그것이 감염한 세포의 DNA에 들어가 세포
DNA의 일부분이 된다. b: 운반자 바이러스의 DNA는 감염된 세포 A
의 DNA 일부분을 연결한 채로 잘려 나온 바이러스가 되어 다른 세포
B에 감염하여 그 세포의 DNA에 삽입된다. 그 결과 A세포의 유전자를
B세포에 운반하게 된다.

탈출한 바이러스는 다른 생물을 감염시키기도 한다. 이렇게 바이러스가 이 생물의 세포 속으로 침입하면 DNA는 새로운 세포의 DNA 안으로 삽입된다. 이같이 하여 새로운 세포는 운반 바이러스의 DNA와 함께 바이러스에 감염된 생물의 유전자를 받아들이고 만다.

이미 바이러스에 감염된 생물이 가지고 있던 유전자가 해가 없는 것이라면 아무런 일도 없고, 또 만일 유익한 유전자라면 새로운 생물은 훌륭한 선물을 받은 것이 되지만 자칫하면 선물이, 엉뚱한 재해를 가져오는 일이 많다. 암 유전자를 선물로 받은 생물은 그 최악의 상태로 빠지게 된다. 그 비극에 대해서는 다음 장에서 설명하겠다.

24. 다양한 바이러스의 유전자

단세포생물에서 사람에 이르기까지 모든 생물은 겹사슬 DNA가 유전정보의 보존을 위해 사용되고 있다. 가장 간단한 생물인 바이러스는 이와 달리 여러 가지 종류의 핵산(DNA와 RNA)을 유전정보로 이용하고 있다(표 24-1).

① DNA 바이러스
앞에서 언급한 바이러스는 DNA를 유전자로 하고 있는 것이지만, 이것들에는 아주 많은 종류의 병원성(病原性) 바이러스가 포함되어

있다. 대표적으로 천연두바이러스, 파피로마바이러스 등이 있으며 이외에도 아데노바이러스라는 감기 증상을 일으키는 바이러스도 있다. 또 세균에 감염하여 그 속에서 증식하여 세균을 녹여 버리는 따위의 '박테리오파지' 등도 있는데, 대부분이 여기에 속한다. 이들 바이러스 유전자는 우리의 세포와 마찬가지로 겹사슬 DNA로 되어 있다. 세포에 감염한 뒤 바이러스 단백질을 위한 mRNA를 만들고, 또 자신의 DNA를 복제해 가는 모양은 이미 앞에서 이야기한 것과 같고, 이 모든 것이 우리 세포의 유전자의 경우와 마찬가지이다.

박테리오파지 중에는 외사슬DNA에 그 유전자를 의탁하여 바이러스 입자를 만드는 것도 있다. 'phi X 174(파이 엑스 174)'라는 박테리오파지가 이에 속한다. 이 바이러스는 포지티브사슬의 외사슬을 유전자로 삼고 있는데, 세균에 감염하면 세균세포의 효소를 이용하여 네거티브사슬을 만들어 겹사슬이 된 다음에 복제가 이루어진다.

바이러스 단백질의 합성을 위한 mRNA는 이 DNA의 네거티브사슬을 주형으로 하여 만들어진다. 바이러스 입자에 들어가 있는 DNA는 포지티브사슬이므로 그대로는 mRNA를 만들 수가 없고, 일단 네거티브사슬로 치환된 다음 RNA 합성 즉, 전사가 이루어진다.

② RNA 바이러스
RNA 바이러스의 경우도 여러 가지 형태의 복제를 하는 것이 있다. '레오바이러스군'이라는 것은 그 입자 속에 '겹사슬의 RNA'가 유전자로서 수용되어 있다. 바이러스가 세포에 감염하면, 이 RNA를

바이러스의 유전자가 되는 핵산	유전자 복제 효소 (폴리머라제)	복제의 중간체	바이러스 RNA	주요 바이러스
겹사슬 ±DNA	DNA/DNA	없음	+RNA	천연두, 파피로마, 아데노, 헤르페스, 수두
겹사슬 ±DNA	RNA/RNA	없음	+RNA	레오(감기), 로다(유아설사), 돌발성발진, 마르버어그열, 어떤 종류의 당뇨병
외사슬 +DNA	RNA/RNA	±DNA	+RNA	소아마비(폴리오), 콕삭키, 에코, 레오, 일본뇌염, 황열
외사슬 +DNA	RNA/DNA	−DNA ±DNA	+RNA	RNA종양(백혈병 등), 슬로우(일종의 뇌염)
외사슬 −DNA	RNA/RNA	없음	+RNA	인플루엔자, 홍역, 풍진, 광견병

24-1. 여러 바이러스 유전자의 복제 방법

주형으로 하여 겹사슬 RNA가 만들어진다. 이 상태는 겹사슬 DNA의 복제와 거의 비슷하다. 그러나 이때에는 RNA 의존성 RNA 폴리머라제(RNA polymerase)라는 효소가 사용된다. mRNA는 겹사슬 RNA의 네거티브사슬을 주형으로 하여 만들어진다.

이 바이러스에 속하는 것으로는 어린이에게 돌발성 발진증이라는 병을 일으키는 것과 어른의 당뇨병 증상을 유발하는 것, 또는 마르버어그열이라고 하여 아프리카의 원숭이의 일종에서부터 인간에게 감염하며 치사율이 높은 열병을 일으키는 것으로 유명해진 무서운 바이러스가 포함되어 있다. 또 식물에 감염하여 농작물에 피해를 끼치는 여러 가지 바이러스도 많이 알려져 있다.

'외사슬 RNA'를 유전자로 하는 바이러스도 있다. 피코르나바이러스군의 바이러스는 포지티브사슬을 바이러스 입자 속에 가지고 있지만 세포에 감염하면 네거티브사슬을 합성하여 겹사슬 RNA가 된다. mRNA는 네거티브사슬을 주형으로 하여 만들어진다. 이것에 속하는 병원성 바이러스도 아주 많은데, 소아마비를 일으키는 폴리오바이러스를 비롯하여 콕삭키, 에코 등 소화관이나 신경장애를 일으키는 것이 많다. 위험한 것으로는 황열바이러스가 알려져 있고, 또 세균에 감염하는 이러한 타입의 RNA 박테리오파지도 많이 있다.

'레트로바이러스군'에 속하는 RNA바이러스도 포지티브사슬의 외사슬 RNA를 유전자로 하고 있다. 조금 다른 점이 있다면 이 바이러스가 세균에 감염하면 우선 네거티브사슬의 DNA를 만든다는 점이다.

여기에는 'RNA 의존성 DNA 폴리머라제'가 필요한데, 이 효소는 바이러스 입자 속의 단백질의 일종으로 감염 전부터 포함되어 있다. 감염 후 이 효소가 작용하여 네거티브인 외사슬 DNA가 만들어져 세포의 효소가 협력하여 겹사슬 DNA로 된다.

mRNA는 네거티브 DNA 사슬을 주형으로 하여 만들어진다. 이것에 속하는 병원성 바이러스로서는 사람이나 가축에 감염하여 서서히 증식하여 신경마비 등의 증상을 나타내는 것이 있다. 구루병이나 크로이츠펠트–야콥병은 이러한 바이러스에 의해 일어나는 것으로 알려져 있다.

또 이것에 속하는 몇 가지 것은, 여러 동물에 감염하여 암을 유발하는 것으로도 유명하다.

믹소바이러스군이나 랩도바이러스군에 속하여 있는 것은 '네거티브사슬의 외사슬 RNA'을 유전자로 하고 있다. 바이러스 입자에는 RNA 의존성 RNA 폴리머라제도 포함되어 있다. 그 때문에 감염한 뒤 포지티브사슬의 RNA를 만들며, 이 포지티브사슬의 RNA를 주형으로 하여 바이러스 RNA가 많이 만들어진다.

이것에 비해 바이러스 단백질 합성용 mRNA 쪽은 네거티브사슬을 주형으로 하여 만들어진다.

병원성 바이러스로서는 감기 바이러스의 두목인 인플루엔자를 들 수 있다. 그 밖에 어린이에게 홍역이나 이하선염 감기, 소포성 구내염 등을 일으키는 바이러스가 여기에 속한다. 무서운 것으로는 광견병바이러스 등이 있다.

8

세균의 유전자

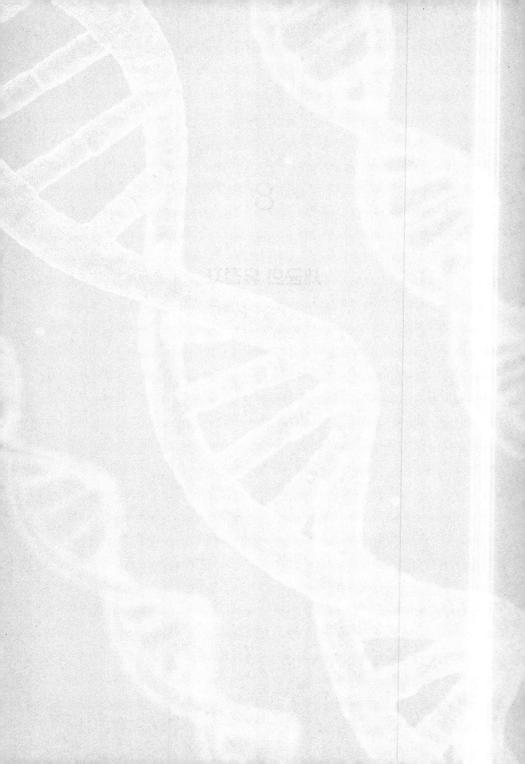

25. 유전자는 세포에서 세포로 운반된다

사람에게 폐렴을 일으키는 세균의 일종으로 폐렴쌍구균이 있다.

폐렴 환자의 가래에서 이 균을 분리시켜 몇 대를 배양하면 이 균의 갑옷에 해당하는 바깥 층의 다당체〔협막(莢膜)다당제〕를 만드는 유전자가 없어져 폐렴쌍구균의 병원성을 잃어버리는 균이 나타난다.

미국의 에이버리(Oswald Avery, 1877~1955)는 이 병원균의 변화를 조사하던 중, 병원균의 DNA를 추출하여 비병원균과 함께 배양하면, 비병원균이 병원균으로 되는 현상을 1943년에 발견했다.

이것은 유전자가 DNA로 되어 있다는 것을 가리키는 최초의 발견이었으나, 아베리는 온후하고 겸손한 학자로 자신의 발견을 크게 선전하지 않았다. 그것의 중요성은 10년이 지나 세포유전학과 분자생물학이 활발해진 후에야 비로소 인정받게 되었다.

① 형질전환

그 후 다른 여러 균에서도 이것과 마찬가지 현상이 발견되었다. 즉 A형질의 균의 DNA를 추출하여 B균에 주면 B균이 A균의 DNA를 받아 A균의 형질을 지니게 된다. 이러한 실험은 고초균(括草菌)이나 대장균 등의 여러 예에서 성공을 보게 되었다. 이와 같은 유전자 전달 현상을 '형질전환'(transformation)이라 한다(그림 25-1a).

형질전환을 일으키기 위해서는 A균에서 추출한 DNA를 유전자 한두 개 정도 있을 만한 작은 절편으로 만들어, 이것을 B균에 주어 특수한 조건으로 배양한다. 더욱이 영양을 포함하고 있는 한천 배지 위에 심어 배양하여 B균의 군서(colony)를 만들게 한다. 다수의 군서 중에서 A균의 형질을 가진 균이 발견이 된다. 약 1만~100만 개 중에서 1개의 균이 A균의 유전자를 갖게 된다. 즉, 형질전환은 인공적인 조작에서는 꽤나 낮은 빈도로 일어나는 현상이다.

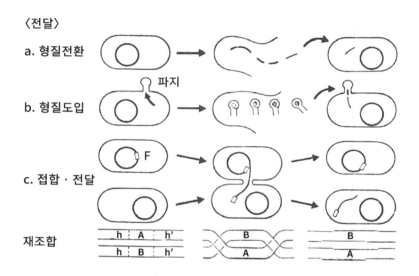

〈전달〉
a. 형질전환
파지
b. 형질도입
c. 접합 · 전달
재조합

25-1. 유전자의 전달과 재조합.
a. 죽은 공여균의 DNA를 수용균이 받는다.
b. 파지가 공여균 DNA를 수용균에 운반한다. c. F인자가 복제 때에 공여균DNA를 수용균에 운반한다. 최하단은 전달 a, b, c가 일어날 때 DNA의 교차가 일어나 유전자 A, B의 교환을 나타냄. 교차는 공여균 DNA와 수용균 DNA의 염기 배열이 같은 장소(h, h')에서도 일어난다(흑색은 공여균의, 백색은 수용균의 겹사슬DNA).

이것은 나중에 알게 된 일이지만 세균은(그리고 아마도 우리 인간의 세포도 역시) 외부로부터 DNA가 들어오면 세포막의 바로 안쪽을 파괴해 버려 외래자의 유전자는 받아들이지 않는 성질이 있다. 이것은 바이러스의 핵산이나 다른 생물의 DNA가 들어옴으로써 세포의 유전정보가 혼란을 일으키는 것을 방지하기 위해서인 것으로 보인다.

세균을 비롯한 여러 생물의 세포에는, DNA의 특수한 뉴클레오티드 배열(여러 개)을 발견하면 그 자리의 DNA 사슬에 칼금을 만듦으로써 그 배열을 끊어버리는 DNA 분해 효소가 있음이 알려져 있다. 이 효소는 '제한효소'라고 불린다. 지금은 수백 종류의 제한효소가 알려져 있으며 각각 특정 배열에 작용하여 DNA를 절단

25-2. 제한효소의 예. 세균을 비롯한 여러 생물은 제한효소가 있어, DNA의 특정 뉴클레오티드 배열 장소를 절단한다. 여기 예를 든 제한효소는 횡선을 그은 곳에서 DNA를 자른다.

하고 있다(그림 25-2).

자신의 세포에 침입한 외부로부터 온 이질 DNA를 분해할 때의 주역은 이와 같은 제한효소인 듯하다. 그리고 자신의 DNA가 이 효소에 의해 파괴되지 않도록 여러 가지 방법도 강구되어 있는 것 같다. 즉, 자신이 가지고 있는 제한효소가 작용하는 뉴클레오티드 배열이 자신의 DNA에 있을 때는, 그 배열 부분의 염기에 메틸화 또는 아세틸화 등의 화학적 변화를 주어 그 제한효소가 작용할 수 없게 하고 있는 예도 발견되고 있다.

여담이지만 제한효소는 유전자 DNA의 뉴클레오티드 배열을 조사하거나, 뒤에서 다루게 될 인공적인 DNA의 절단, 연결 등 유전자공학 기술에는 빼놓을 수 없는 도구가 되고 있다.

② 형질도입

형질전환에 대하여 형질도입(transduction)은 바이러스에 의해 유전자가 운반되는 경우를 말한다(그림 25-1b). 형질도입의 경우에는 꽤나 효율적인 유전자 도입이 일어난다.

그 기작에 대하여는 앞에서도 언급한 적이 있지만 박테리오파지를 예로 다시 한 번 알아보자. 파지 DNA 중 게으름뱅이로서의 성질이 강한 파지의 경우에는 그것을 A균에 감염시키면 자신의 DNA를 A균의 DNA에 삽입하고는 게으름을 피우지만(그림 25-3(4)), 때로는 파지 DNA는 DNA분해 효소에 의해 잘려 나와(그림 25-3(5)) 침략자 바이러스와 같은 방법으로 증식한다(그림 25-3(6')).

A세균의 DNA에서 빠져 나올 때 세균 DNA의 일부를 자신의

DNA와 연결시킨 채 떨어져 나오는 때가 있다. 이 DNA를 부착한 채로 단백질에 감싸여 바이러스 입자가 되면(7), 다른 B세균에 감염했을 때 A세균의 유전자를 B세균의 DNA 속에 삽입시켜 버린다(8).

파지 DNA를 감싸는 상자(이것을 코트단백질이라 한다)는 일정한 용적밖에 갖지 못하므로 파지 DNA 외에 그렇게 많은 A균의 DNA를 첨가할 수가 없다. 그러나 파지 DNA의 일부를 절단하여 없

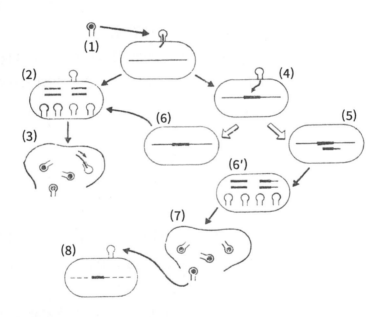

25-3. 박테리오파지의 증식과 박테리오파지에 의해 세균의 유전자가 다른 균으로의 도입. 박테리오파지란 세균에 감염한 바이러스이다. (1), (2), (3)은 침략자 바이러스, (1), (4), (6)은 게으름뱅이 바이러스, (5), (6'), (7), (8)은 운반 바이러스로서의 박테리오파지의 작용을 나타내고 있다.

애 버리면, A균의 유전자는 1~2개의 DNA를 고스란히 가지고 이 상자 속에 들어 갈 수가 있다.

파지 DNA는 세균에 감염할 수 있는 모든 유전자를 가지고 있는 셈인데, 그중 일부가 결손되어도 어떻게든지 시간이 걸려서라도 천천히 감염하여 형질도입을 하거나 증식하거나 하는 경우가 있다. 그것이 불가능할 만큼 큰 결손을 입었을 경우라도 다른 한개의 완전한 파지와 함께 B균에 감염이 되면, 운반한 A균의 유전자를 B균에 삽입시키든가, 증식하는 등이 가능해진다.

이와 같은 방법으로 자연계에서는 어떤 종의 균에서부터 다른 종의 균으로의 유전자의 전달이 거기에 기생하고 있는 박테리오파지에 의해 활발히 이루어지고 있다.

26. 세균의 접합

여러 고등 동식물은 '수정' 내지는 '접합'이라는 방법으로 두 개체의 유전자를 혼합하여 쌍방의 좋은 유전자를 겸비한 자손을 남기려고 노력하고 있다.

생물은 대를 이어가며 아주 긴 세대를 거치므로 그것에 말미암는 유전자의 열세화 현상을 막고, 그 시대 시대마다 환경에 제일 잘 적응할 수 있는 개체만을 남기며, 접합에 의해 종족을 유지하여 왔다.

이와 같은 방법이 하등한 세균에서도 적용되고 있으리라고는 아무도 생각하지 못하였다. 그런데 1946년 스텐포드대학의 의과대학 대학원생이었던 레더버그(Joshua Lederberg, 1925~2008)가 '메티오닌이 없으면 발육할 수 없는 대장균'과 또 하나의 '트레오닌이 없으면 발육할 수 없는 대장균'을 혼합하여 충분한 영양이 있는 액체배지 속에서 배양하여 세 종류의 영양소가 각각 들어 있는 한 천배지에 심어 보았다. 하나는 메티오닌을 포함하지 않은 배지, 하나는 트레오닌을 포함하지 않은 배지. 또 다른 하나는 메티오닌도 트레오닌도 포함하지 않은 배지이다.

어느 아미노산도 포함하지 않은 배지에는 이 두 종류의 대장균이 살지 못하여야 하는데도 실은 수십 개의 군서(colony)가 생장했다. 그 출현율은 본래의 두 종류의 균이 돌연변이에 의해 아미

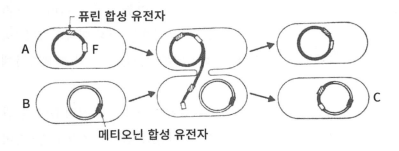

26-1. 접합에 의한 유전자 전달. A균은 메티오닌이 없으면 증식이 안 된다. B균은 퓨린이 없으면 증식이 안 된다. 이 두 세균이 접합하면 A균의 F유전자에 의해 A균 DNA가 B균에 들어가 B균에 퓨린합성을 위한 유전자를 준다(C균). 양쪽 유전자를 가진 C균은 메티오닌과 퓨린이 없어도 증식할 수 있다.

노산을 요구하지 않는 비율보다도 훨씬 높다는 것이 확인되었고 또 파지에 의해 DNA가 전달된 것도 아니라는 것이 밝혀졌다(그림 26-1).

그후 그는 이 '아미노산 요구 유전자'는 한쪽 균의 '유전자 F'(fertilization, 인자)로 인해 그것을 갖지 않는 균에 운반된다는 것, 아미노산 요구 이외에도 당 분해 능력 등 모든 유전자가 F인자를 원동력으로 하여 운반된다는 것, 각 유전자의 배열 순서에 따라 운반되는 빈도가 변화한다는 것 등등을 연달아 발표하여 1958년에 노벨 의학상을 받았다. 이 발견은 유전자의 배열 방법을 결정하는 새로운 수단을 제공하여 주었으므로 그후에 세균유전학의 획기적인 발전에 크게 기여했다.

레더버그와 앞에서 이미 말한 바 있는 프랑스의 자코브(François Jacob, 1920~2013)에 의해, 또한 그 이후의 세계 여러 연구자들에 의해 이 방면의 연구가 진전되어, 현재는 대강 아래와 같은 방법으로 접합에 의한 유전자 전달이 이루어지는 것이라고 생각하게 되었다.

① 대장균 등의 그램음성 간균(得菌) 중에는 자신의 DNA를 관계가 가까운 다른 세균에 옮겨놓기 위한 유전자군을 가지는 것이 있다.

② 이 유전자군은 세균의 본래의 DNA[이것은 제9장에서 나오는 플라스미드(Plasmid)와 구별하기 위하여 염색체라고 부르지만, 고등생물의 염색체와 같이 DNA와 단백질로 이루어진 다발은 아니다]에 존재하고 있다.

③ 이 유전자군은 자신의 세포와 다른 세균 세포를 결합하는 기능을 지배하는 유전자 및 결합된 후에 자신의 DNA를 다른 균으로 이동시키기 위한 몇몇 유전자로써 되어 있다.

④ 공여균(供與菌)의 DNA가 복제되면(또는 복제 과정에서) 한 개의 DNA를 다른 균으로 이동시킨다.

⑤ DNA 이동 때에는 이동을 관장하는 유전자 근처의 일정한 곳에서 DNA고리가 잘려지고 그 한끝을 선두로 하여 선형 DNA가 수용균(受容菌)에 들어간다.

⑥ 들어간 DNA와 수용균의 DNA와의 사이에는 재조합(교환)이 일어나고, DNA공여균의 유전자 일부가 수용균의 유전자로 되어 그 자손에게 전달되게 된다.

⑦ 수용균이 이러한 메커니즘에 의해 DNA 전달 능력을 갖는 유전자를 얻게 되면 수용균은 자신의 유전자를 다른 균으로 옮기게 된다.

이미 설명한 바와 같이 접합에 의해 유전자를 교환한다는 것은 이로 말미암아 열세한 유전자를 회복시키거나 차츰차츰 변화해 가는 환경에 순화(馴化)하기 위해 중요하다. 세균과 같이 하등한 생물도 이러한 방법을 이용하여 종족을 유지하고 있다는 것은 매우 흥미로운 일이다. 그러나 접합으로 유전자를 교환하는 따위의 재치 있는 균은 그리 많지는 않은 듯하며, 우리의 장 속에 살고 있는 대장균이나 그 무리의 일종인 적리균, 살모넬라 등의 장내(腸內)세균군 등에서 주로 발견된다.

27. 옵션 DNA-플라스미드

대장균이나 적리균, 포도상구균 또는 콜레라균의 부류에 속하는 병원성 세균 내에는 페니실린, 스트렙토마이신 등 여러 종류의 항생물질을 분해하는 효소가 있다. 때문에 이들 약제에는 내성(耐性)이 된 균이 많이 있다. '약제 내성균'은 인간에게 감염하여 항생물질이 주입되어도 인체 내에서 살아남을 수 있다. 그러나 일반적으로 이들 병원균은 약제 내성이든 약제 내성이 아니든 간에 사람이나 동물의 몸 밖의 약간의 유기물이 있는 하수나 동물의 변이나 시체 속에서도 생활하여 증식할 수가 있다.

자연계에서는 이들 균이 생활하는 장소가 오히려 인체 바깥이라고 말할 수 있다. 그와 같은 장소에는 이러한 균의 패거리들이 살고 있지만, 이 무리들은 항생 물질을 불활성화하는 효소의 유전자군을 가지고 있지 않다.

그래서 그 몫만큼 DNA가 짧고, 합성해야 할 단백질의 종류도 약제 내성균보다 적다. 근소한 차이라고 하지만 몇 대를 거치며 분열하여 자신의 자손을 증식할 때, 약제 내성균은 비내성균보다 여분의 DNA와 단백질을 합성해 가지 않으면 안 되기 때문에 불리하다.

그러므로 약제 내성균들은 묘안을 가지고 있다. 이 균들은 페니실린, 스트렙토마이신, 카나마이신, 테트라사이클린, 클로람페니콜 등 여러 종류의 항생물질을 불활성화하는 효소의 유전자를 모아 한 개의 짧은 DNA에다 수용해 두고 필요할 때에 이것을 사용하고 그렇지 않을 때는 이러한 소형 DNA를 버리곤 한다. 이 소형

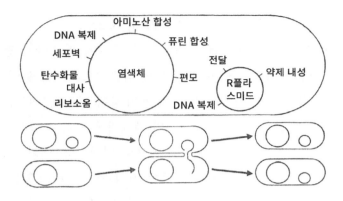

27-1. 염색체와 플라스미드. 상단은 한 개의 균체내의 염색체와 플라스미드 유전자를, 하단은 플라스미스 유전자 전달을 나타낸다.

분포	그램음성 간균	장내세균과에 속하는 모든 종(예: 대장균, 적리균, 프로테우스, 세라티아)
		녹농균, 에로모나스, 콜레라균, 장염비브리오, 인플루엔자간균, 기관지패혈증균
	기타	포도상구균, 용혈성연쇄구균, 비용혈성연쇄구균, 임질
내성약제	테트라사이클린계 클로람페니콜 아미노배당체계	(예: 스트렙토마이신, 카나마이신, 겐타마이신)
	마이크로라이드계	(예: 에리드로마이신, 로이코마이신, 카보마이신)
	페니실린계 세팔로스포린계 트리메토푸림 니트로피린계	
	기타	중금속 이온, 비산, 아텔루륨산 등

표 27-1. R플라스미드

DNA를 '플라스미드'라고 한다(그림 27-1, 표 27-1).

약제 내성균의 세포에는 기본적인 생활에 필요한 유전자를 수용한 대형 DNA 말고도 이와 같은 플라스미드DNA가 들어 있어 세포분열 때는 대소 각각의 DNA가 복제되어 자손세포에 분배된다. 그러나 때로는 플라스미드DNA의 복제가 늦어져서 플라스미드DNA를 가지지 않은 비내성균이 자손으로 태어난다. 이와 같은 비내성균은 약제가 있는 곳에서는 죽어 버리지만 약제가 없는 환경에서는 내성균보다 유리하기 때문에 빨리 증식한다.

내성균 속에 있는 어떤 종의 플라스미드는 비내성균으로 전이될 수도 있다. 내성균과 비내성균의 세포 표면이 접촉하면 어떤 종의 플라스미드 DNA는 내성균에서 비내성균으로 이동하여 비내성균에서 복제하게 된다. 이와 같은 플라스미드의 전달은 동일종에서뿐만 아니라 근연의 세균끼리도 일어난다. 항생물질이 있는 곳에서는 내성 유전자를 가진 균이 오래 살아남지만, 항생물질이 없는 곳에서는 이 플라스미드를 가지지 않은 균이 증식한다.

약제 내성 외에 수은 등의 중금속에 내성인 유전자나, 감염했을 때에 균을 유리하게 하기 위한 독소의 유전자를 플라스미드DNA에 삽입하여 주는 세균도 있다(표 27-2).

대장균은 우리 인체 내의 장 속을 보금자리 삼아 우리가 먹는 음식물의 찌꺼기를 먹으며 살고 있다. 평범한 균이지만, 때로는 ENT라는 플라스미드를 받아 난동을 부릴 때도 있다. ENT 플라스미드DNA에는 콜레라균의 독소와 비슷한 '엔테로톡신'이라는 독소 단백질을 만들기 위한 유전자가 실려 있다. 'ENT 플라스미드'를 가

성질	염색체	플라스미드
DNA의 크기	크다	작다
존재하는 유전자	주로 세균의 생존에 꼭 필요한 유전자(예: 시토크롬 유전자)를 지니고 있다	생존에 꼭 필요한 유전자 (예: 약제 내성 유전자)를 지니고 있을 때가 있다
자기 복제 능력	있다	있다
복제와 세포분열의 동조성	동조한다	동조하지 않을 때도 있다
다른 균으로의 이동 능력	없다(플라스미드의 전달 유전자와 결합되는 것에 따라 전달될 때도 있다)	있을 때도 있고 없을 때도 있다(전달성 플라스미드도 염색체에 들어가 결합하는 사정에 따라 전달 능력을 상실하는 경우가 있다)

표 27-2. 염색체와 플라스미드의 차이

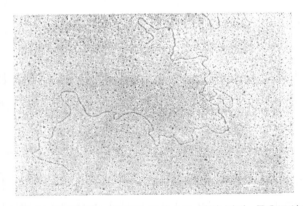

27-2. 플라스미드DNA. DNA가 외사슬로 되어 있다. 루우프상의 부분은 트랜스포존

진 대장균이 음식물을 통해서 감염되면 심한 복통과 설사를 일으킨다. 그러나 이 플라스미드를 상실하면 원래의 평범한 대장균으로 되돌아간다.

'마이콤'이라 불리는 소형 컴퓨터에는 메모리(기억)의 증설이나 기능 확대를 위한 소자군(素子群) 카세트를 옵션(option)하여 첨가할 수 있게 되어 있다. 플라스미드는 말하자면, 필요에 따라 근처에 있는 균으로부터 융통을 받는 유전자 카세트형의 옵션DNA이다.

28. 뛰어나가는 유전자—트랜스포존

플라스미드 위의 유전자는 플라스미드와 함께 균에서 균으로 쉽게 이동할 뿐만 아니라, 같은 균 안에 있을 때에도 불안정하여 플라스미드 DNA에서 떨어져 나가 소실되거나 또는 되돌아오기도 한다. 때로는 DNA 위의 다른 위치로 이동하는 독특한 성질을 지니고 있다.

'약제 내성 플라스미드' 중에는 페니실린, 테트라사이클린, 클로람페니콜, 스트렙토마이신, 카나마이신 등 40여 종에 달하는 각기 다른 약제에 대한 내성 유전자를 가지는 것이 많다.

그러나 균이 증식하는 동안에 그들 내성의 유전자 몇 개가 소실되어 버리기도 한다. 여러 가지 약제 내성 유전자가 각각의 플라스미드의 DNA에 존재하지 않고 한 개의 DNA에 배열되어 있다는 것은 이들의 내성 유전자가 한 번에 다른 균으로 이동하는 데서 이미 추정은 하고 있지만 1965년 미국의 S.파코와 그의 동료들에 의해 추출된 플라스미드 DNA의 성질을 조사한 결과 이것이 사실임이 확인되었다.

일본의 군마(群馬) 대학의 미쓰하시(三橋進)교수와 그의 동료들은 약제 내성균의 유전자에 대해 오랫동안 연구하고 있다. R. 플라스미드 등을 포함하는 수만 주의 병원균을 일본뿐만 아니라 세계 각지로부터 수집하여 그 성질을 조사하고 있었다. 그리고 어떤 종류의 '약제 내성 유전자'는 플라스미드와 결합하여 존재한다고 생각되는가 하면, 때로는 플라스미드로부터 소실되거나 또는 세균의 염색체의 DNA에 결합하는 때도 있고, 또 박테리오파지의 유전자와 결합하기도 하여 DNA에서 DNA로 돌아다니는 현상을 많이 발견했다.

미쓰하시 교수는 이와 같은 풍부한 데이터의 수집을 기초로 하여 '약제 내성 유전자는 세균의 다른 유전자와는 약간 달라서 불안정하며, 그 때문에 DNA 위의 한곳에 정착해 있는 것은 아니다'라는 것을 일찍부터 주장했다. 이 같은 현상은 주목을 받게 되었고 이윽고 이 유전자는 '트랜스포존'이라는 특별한 구조를 가진 DNA 사슬 위에 존재하고 있다는 것을 생각하게 되었다.

그러면 왜 이 유전자는 같은 세포의 DNA의 다른 장소로 이동하는 성질을 가지고 있을까? DNA의 뉴클레오티드 배열이 알려지게 되어, 그 원인이 플라스미드의 특수 구조에 있다는 것이 판명되었다.

그림 28-1a에서 화살표로 표시한 것과 같이, 수십 개의 뉴클

레오티드로써 이루어지는 일정한 배열이 플라스미드DNA의 세 곳에 있다고 하자. 원리적으로는 이 배열은 어떠한 것이라도 상관없지만, 예를 들어 다음과 같은 배열이라고 가정하자.

아티구시……아아시시 (그림에서는 사선의 화살표)
티아구시……티티구구 (그림에서는 점의 화살표)

이 배열 세 벌 중 두 벌은 약제 내성 유전자의 양쪽에 있어, 트랜스포존을 형성하고 있다(그림 28-1a(1)). 또 한 벌은 서로 떨어진 장소에 있다(그림 28-1a(2)).

　화살표시의 선단 부분이 그곳에 특이적으로 작용하는 효소로 끊어지면, 트랜스포존DNA는 연결할 부분을 남겨 두는 형태로 분리되어(b) a(2)에 표시한 위치에 들어간다. 한편 트랜스포존이 제거된 후에 남겨진 DNA는 연결 부분과 합쳐져 약제 내성 유전자가 없는 DNA로 된다(c). 실제로는 좀 더 복잡하지만, 기본적으로는 이와 같은 방식으로 트랜스포존과 거기에 실려 있는 유전자는 DNA의 (1)의 위치로부터 (2)의 위치로 이동한다.

　트랜스포존의 또 하나의 형태는 이 그림의 (d)의 (1)과 같다. 이 경우에는 화살표 부분의 뉴클레오티드 배열이 반대 방향이다. 그것은 이미 말한 회문 구조(80쪽)와 비슷하여 화살표 부분이 회전대상형(回轉對象形)으로 되어 있다. 즉 이 트랜스포존의 오른쪽 끝에서는 a(1)형의 화살표 부분과 정반대로 배열되어 있다.

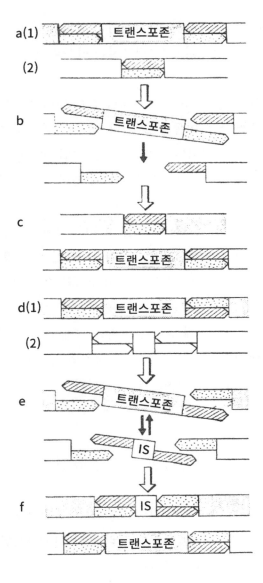

a(1)   트랜스포존

(2)

b   트랜스포존

c   트랜스포존

d(1)   트랜스포존

(2)

e   트랜스포존

         IS

f   IS

         트랜스포존

28-1. 트랜스포존의 재조합

구구티티⋯⋯티아구시 (그림에서는 점의 화살표)

시시아아⋯⋯시구티아 (그림에서는 사선의 화살표)

이러한 형태의 트랜스포존도 a, b, c와 같은 방법으로 DNA의 어떤 장소에서 다른 장소로 이동할 수 있다. 그 이동하는 장소는 d(2)와 같은 구조를 갖춘 곳이어야 한다. 그것은 '삽입 세그먼트'라고 불리는데 d(l)형의 트랜스포존의 중앙 부분이 짧아진 것이라고 생각하면 된다.

트랜스포존과 삽입 세그먼트는 효소에 의해 e와 같이 잘려나와 f와 같이 치환된다. 약제 내성 플라스미드는 어느 편인가 하면 d(1)과 같은 트랜스포존이 많이 있고 d, e, f와 같은 과정으로 이동이 일어난다.

트랜스포존의 중앙에 있는 유전자는 약제 내성 유전자에만 제한되는 것이 아니다. 중금속 내성이나 독소의 유전자 등 여러 가지 것이 트랜스포존 구조를 가지고 있는 듯하다.

29. 반대방향이 되는 유전자

트랜스포존은 그림 29-1에서 보인 것과 같은 방법으로 플라스미드에서 플라스미드로 이동할 뿐만 아니라 플라스미드와 염색체 사이를 왔다 갔다 한다고 알려져 있다.

플라스미드DNA는 복제가 늦어졌거나 했을 때 세균으로부터 소실된다. 그러므로 일반적으로 플라스미드에 실려 있는 유전자는 불안정하고 상실되기 쉽다. 그런데 플라스미드의 유전자가 트랜스포존으로 염색체에 운반되면 그것은 안정되어 자손의 균에 전달되게 된다.

트랜스포존은 같은 방법으로 박테리오파지에도 옮겨가는 수가 있다. 파지로 이동한 트랜스포존은 파지에 의해 다른 균으로 옮겨지고 그 균의 DNA에 트랜스포존 구조를 만들게 된다. 게으름뱅이 파지의 DNA가 숙주균의 DNA에 들어갈 때도 트랜스포존이나 삽입 세그멘트 모양의 DNA구조가 파지DNA의 일부에 있어 그것이 사용되는 경우도 있다.

이와 같이 트랜스포존은 여러 가지 형태로 유전자를 이동시키고 있다.

트랜스포존의 또 하나의 중요한 작용으로는 유전자 전사의 스위치를 'on'으로 하거나 'off'로 하는 것과 같은 것을 들 수 있다. 이러한 가능성을 처음으로 말한 사람은 스탈링거(Patrick Starlinger,

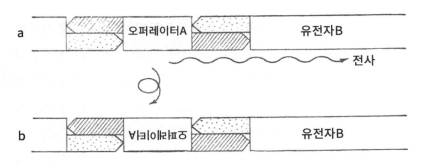

29-1. 트랜스포존에 의해 방향이 바뀌어 삽입한다.

1984~)이다.

그림 29-1에서와 같이, 어떤 효소 B를 생산하기 위한 유전자가 있고 그 왼쪽에 그 유전자를 제어하는 유전자 또는 오퍼레이터 A가 있다고 하자. A의 양 끝에는 각각 반대 순서로 문자를 배열한 뉴클레오티드 배열이 있으며, 그림 28-1의 d(1)형의 트랜스포존을 형성하고 있다. 그 때문에 A유전자는 튀어나올 수가 있으며, 또 원래의 위치에 거꾸로 들어갈 수도 있다. 바르게 들어갔을 때에는 제어유전자의 역할을 하여 전사가 일어나 B유전자의 효소가 생산된다. 그러나 거꾸로 삽입되었을 때는 A는 제어유전자로서의 기능을 상실하기 때문에 B의 전사가 일어나지 않게 된다.

이와 같은 스위치의 on, off는 젖당을 주지 않는데 젖당 분해효소가 생산되거나 생산되지 않게 되는 현상을 반복하는 따위의 세균의 경우에 있는 것으로 생각되고 있다. 또 균에 따라서는 편모의 성질이 그 기능은 하지 않는데도 형태가 변하거나 원상으로 되돌아오거나 하는 것이 있으며 이런 경우에도 이와 비슷한 현상이 일어나고 있다는 것이 밝혀져 있다.

고등 동식물의 세포에도 트랜스포존형의 유전자가 존재한다는 사실이 1980년에 와서 잇달아 발견되고 있다. 필자의 연구실의 오노(小野雅夫) 등은 쥐와 햄스터의 DNA에도 트랜스포존과 비슷한 구조가 있다는 것을 유전자공학적 방법으로 확인하였다. 인간의 세포의 DNA에도 그림 28-1a(1)형이나 d(1)형의 트랜스포존 같은 뉴클레오리드 배열이 수천 개나 존재하는 것 같다. 세포가 분화할 때에는 세균의 경우와 같은 방법으로, 유전자가 튀어나가거나 장소의 이동이 있지 않은가 하고 상상된다. 그러나 이처럼 많이 존재하는 데 비하여 작용은 그다지 크지 않은 듯하다. 아마도 트랜스포존 구조가 있더라도 그것을 잘라내는 효소가 없으면, 빈번한 이동은 일어나지 않는 것이리라.

피터슨(P. A. Peterson)은 옥수수의 종자가 부분적으로 보라색이 되거나 그렇지 않은 상태를 관찰하여, 그 색소 형성을 지배하는 유전자가 트랜스포존 위에 실려 있다고 생각하게 되었다. 그렇게 생각하면 아름다운 꽃의 얼룩이나 동물에서 나타나는 점박이 등도 색소 생산을 지배하는 유전자가 트랜스포존과 같은 DNA 위에 존재하기 때문에 일어나는 현상이라고 추측할 수 있게 된다.

30. 막 위에서 복제되는 DNA

세균과 같은 간단한 생물일지라도 그 모든 유전자를 짊어지고 있는 DNA는 세균 세포의 크기에 비교하면 꽤나 길다고 말할 수 있다.

예를 들어 대장균은 약의 캡슐 같은 형태를 하고 있고 체장(體長)이 약 0.002mm에 불과하지만, 그것의 전체 DNA를 뻗쳐 놓으면 그 길이가 1.3mm정도나 된다. 중형의 플라스미드DNA의 뻗쳐진 길이조차 균의 체장의 10배 이상이나 된다.

세균은 이러한 길다란 DNA 사슬을 복제하여 엉키지 않고 2개의 세포에 분배하기 위해 세포질막의 내면에 복제장치를 두어 이를 조절하고 있다. 그것을 설명하기 전에 먼저 이야기해 두고 넘어

가야 할 것은 세균의 DNA는 염색체 DNA나 플라스미드 DNA나 모두 보통은 겹사슬 DNA의 양끝이 연결된 고리 모양을 하고 있다는 점이다.

우리들(필자와 O. 린드만의 연구 그룹)은 세균의 세포 질막에 영향을 끼칠 만한 물질을 균에게 주면 여러 종류의 플라스미드의 복제가 저해되어 플라스미드가 세포에서 소실된다는 것에서부터 플라스미드DNA의 합성이 막 위에서 이루어진다는 것을 예상하고 있었다.

1964년 프랑스의 리데아 등은 고초균의 전자현미경 사진에서 관찰한 것을 바탕으로 하여 염색체 DNA의 일부가 막의 바로 안쪽에 위치하고 있는 듯하다고 말했다.

DNA가 막 위에서 합성된다는 결정적인 증거는 가네산(A. T. Ganesan)과 레더버그 등에 의하여 제시되었다. 그들은 아이소토프(동위원소)로 표지한 티민을 배지 속에 가하여 균을 배양한 다음 균체를 갈아서 아이소토프를 포함한 새로운 DNA가 균체의 어떤 조각에 있는가를 조사하였다. 그것은 세포막의 파편에 꼭 달라붙어 있었다. 그후에 많은 연구자에 의해 다음과 같은 사실이 알려졌다.

염색체 DNA도 플라스미드DNA도 합성될 때는 DNA의 고리의 한 곳이 세포질막의 안쪽에 결합하고 그곳이 벌어지기 시작하면서 복제가 차츰차츰 다른 곳으로 미친다. 그때 DNA고리는 회전하여 보통은 DNA가 벌어진 분지부분이 막 위에 실려 있는 상태로 복제가 진행된다. 그림 30-1에는 개열 개시부에서 한쪽 방향으로 복제가 진행하는 모델을 보였는데, 이 경우에는 DNA고리는 한쪽 방향

으로만 회전하면 된다. 그러나 균의 발육 상태에 따라서는 복제가
두 방향으로 동시에 진행하는 경우도 있으므로 막 위에서의 결합
점도 보통 두 군데가 있게 된다.

　　DNA의 복제와 동시에 막도 새로이 합성되어 가므로 이 두 개
의 DNA 결합점의 거리도 서로 멀어지게 된다. 그리고 2개의 겹사

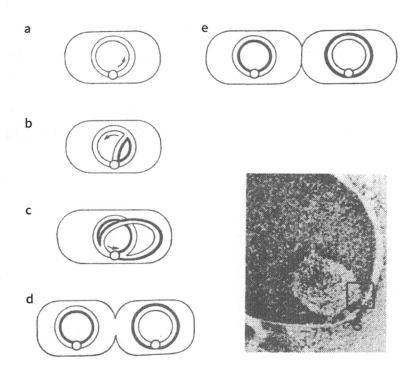

30-1. 막 위에서 복제되는 DNA의 복제부는 보통은 세포질막 안쪽에
결합되어 DNA의 복제가 끝나면 막의 합성 생장이 일어나고 DNA는
2개의 세포로 분배된다.

슬의 DNA고리가 완성되었을 때는 세포질막과 떨어진 곳에 존재하게 된다. 이 두 개의 DNA 사이에 간격이 생겨 두 개의 세포가 만들어지고 이들 세포는 각각 새로운 DNA를 한 벌씩 가지게 된다.

이것에 비해 고등동물의 세포에서는 DNA 복제가 막 위에서 이루어지고 있지는 않은 듯하다. 핵 속에는 수세미로 만든 솔과 비슷한 단백질로 된 그물 구조가 있으므로 기다란 DNA는 이것을 실마리로 하여 복제되고 있는 것이라고 추정된다.

DNA의 복제는 끊임없이 일어나는 것은 아니다. 세균의 염색체도 플라스미드도 일정한 간격을 두고 복제가 시작되며, 복제가 끝나면 다시 일정한 시간이 지난 후에야 다음 복제가 이루어진다. 그러나 그것은 그리 규칙적으로 일어나는 것은 아니며, 발육 상태에 따라 이중 복제가 일어나는 일도 있다.

9

세포공학과 유전자공학

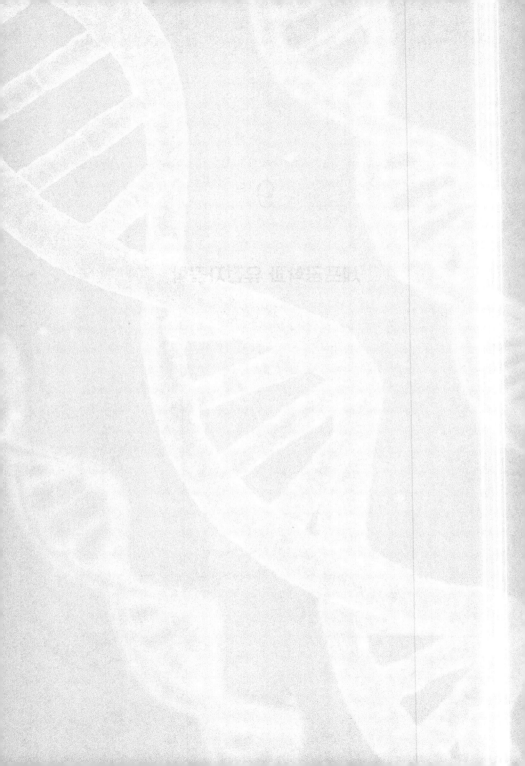

31. 유전자의 인공 조작은 진행되고 있다

인류는 수천 년 전부터 농경을 시작하였고, 그때부터 잡초나 야생 나무에서 좋은 것만을 골라 그것들의 종자를 길러내어 보다 생산성이 높은 식물을 재배해 왔다고 추정된다.

그리고 또 언제부터인가 꽃가루를 암술에 묻혀 수정시키는 방법과, 좋은 가축끼리 교배시켜 더 좋은 가축을 만들고 그 자손을 기르는 방법도 자연 속에서 배워왔다. 현재도 될 수 있는 한 크고 맛있는 오렌지를 재배하거나, 튼튼히 자라 젖을 많이 생산하는 소의 품종을 만들려는 노력을 계속하고 있다.

저마다 좋은 성질을 갖는 종류끼리를 교배시켜 양쪽의 좋은 성질을 고루 갖춘 자손을 만들게 하는 등, 이와 같은 유전의 원리를 응용하여 유용한 식용 식물과 가축을 만드는 것을 '육종'이라고 한다. 육종은 농작물이나 가축뿐만 아니라, 양식어로부터 항생물질생산균에 이르기까지 넓은 범위에 걸쳐서 행해지고 있다.

육종방법에는 교배뿐만 아니라 식물에 X선을 내리쬐거나 콜히친 등 약물 처리를 하여 돌연변이를 유발하는 방법도 있다. 이러한 방법은 여러 종류의 농작물을 비롯하여 관상용 화초, 과수의 품종 개량에 40여 년 전부터 이용되어 왔다. 방사선이나 어떤 종류의 약품은 앞에서도 말했듯이 DNA에 화학적인 변화를 일으켜 뉴클레오티드 배열에 이상을 준다. 적당한 소량의 X선이나 약품 등으로 처리하면 생식세포의 소수의 유전자에만 변화를 주어 변이된 자손을 만들게 할 수 있다. 많은 개체에 대하여 이와 같은 처리를 하면 인간에게 유익하고 좋은 변이종을 얻을 수가 있다.

　토양이나 부패한 물질 속에 살고 있는 균 중에는 다른 균을 죽이는 물질을 내어 자신의 영역을 방어하려는 균이 있다. 이와 같은 균을 추출, 배양하여 균이 배양액에 방출한 살균물질을 수집한 것이 스트렙토마이신, 페니실린 등의 항생물질이다. 많은 토양세균을 실험하여, 새로운 항생물질을 만들고 있는 세균이 우연히 발견되었다 해도 대개의 경우 그 균이 충분한 양의 항생물질을 만들지 않거나 균의 증식이 나빠 공업적인 생산에는 부적당하다는 등의 몇 가지 결점이 있다.

　이때에는 박테리오파지나 플라스미드를 사용하여 '항생물질 유전자의 치환'이라는 방법을 쓰게 된다. 앞에서 나온 것과 같이, 박테리오파지나 플라스미드에는 운반자로서의 성질이 있어서 어떤 균에서 다른 균으로 유전자를 운반하는 것이 있다. 새로운 항생물질을 만들고 있는 균에 박테리오파지를 감염시켜 그 항생물질을 생산하기 위한 유전자를 빼내게 하여, 그 유전자를 다른 증식이 잘 되는 균에 넣어주면 증식 부진은 해소된다. 또 항생물질 생산 유전자를 플라스미드DNA에 옮겨 균 속에 플라스미드가 많이 증식하게 해주면 균 한 마리당 항생 물질 생산량을 증가시킬 수도 있다.

　항생물질뿐만 아니라 화학조미료나 아미노산, 여러 가지 의약품의 원료 등도 세균이나 효모 등을 이용하여 공업적으로 생산하고 있다. 이와 같은 '발효공업'의 기술은 일본에서 특히 앞서고 있는 분야의 하나이다. 발효 생산용의 균 및 효모도 파지나 플라스미드와 같은 미세한 도구를 구사하여 개량하고 있다.

교배도 돌연변이도 그리고 플라스미드 등에 의한 유전자의 전달도 자연계에서는 나날이 일어나고 있는 현상이다. 그런 의미에서 인공적으로 양친을 골라 교배하거나 방사선이나 약품으로 변이시키거나 플라스미드 등에 유전자를 운반하게 하여 만든 개량품종이라 하더라도, 오랜 세월 이후에는 자연히 생길 가능성도 있을 수 있다. 인간은 그것을 손쉽게 빨리 얻기 위해 인공적으로 촉진시킨 것에 불과하다. 또 인간에게 유익한 생물종이 자연계에서 우연히 생겼다고 하더라도 대부분은 심한 자연환경에 적응할 수 없어 곧 자연도태의 원칙에 의해 사라지게 되지만, 인간은 그 생물을 인간이 만든 인공 환경 속에서 기르기 때문에 언제까지고 살려 놓을 수 있을 것이다. 이것에 대하여는 나중에 다시 말하기로 하고, 어쨌든 지금까지 말해 온 육종법은 '자연에 의해서도 일어날 수 있을 만한 일을 인공적으로 촉진하려는 방법'인 것이다.

그런데 인간은 자신의 목적에 맞는 종을 좀 더 능률적으로, 계획한 대로 만들기 위하여 다음과 같은 방법을 응용하려고 시도하기 시작하였다. 바로 최근 수년 동안에 개발된 '세포공학'이나 '유전자공학'이다. 이들 기술은 원래 유전자의 구조를 조사하거나 발생 및 분화의 기작을 알고자 하는 생물학적 연구목적으로 개발된 것이다. 육종을 비롯해 세포공학이나 유전자공학은 인공적인 유전자의 조작 기술이다. 이것들의 특징을 표 31-1에 정리하였다. 앞으로 하나씩 자세히 설명해 가겠지만 이 표를 따라 읽어 보면 서로의 관계를 파악하기 쉬울 것이라 생각된다.

	방법의 예	학문상의 목적	농업 등으로의 응용
육종	[인공적 교배] 2종류의 어버이끼리 인공적으로 교배하여 자손을 만듦 [유전자 전달] 플라스미드나 바이러스로 유전자를 다른 균에 운반 [x선 조사나 약제 처리] 돌연변이를 유발	여러가지 유전자의 성질과 배열 순서를 밝힘	품종 개량 • 농작물 • 가축 • 발효 공업용 • 미생물
발생공학	[배수술] 배의 일부를 떼내고 다른 배세포를 끼워 넣음 [키메라 생물의 합성] 2종류의 생물의 배세포를 혼합·발생	기관 발생, 세포 분화, 면역 등의 원리를 밝힘	DNA 핵내 주입법이나 DNA 재조합법을 함께 써서 유전자병의 치료 등에 응용
세포공학	[세포융합] 2종류의 세포를 혼합하여 하나의 세포로 만듦 [핵 이식] 어떤 세포의 핵을 꺼내고, 생식세포의 핵을 주입하여 발생 [DNA의 핵내 주입] 어떤 유전자를 가진 DNA를 세포핵에 주입	여러가지 유전자의 성질과 배열 순서를 밝힘 유전자의 발현 기작이나 분화, 발생의 메커니즘을 추정	특수한 품종 생산을 쉽게 하는 물질의 세포 배양에 의한 생산
유전자공학	[인공적 DNA 재조합] 효소를 사용하여 DNA를 절단하여, 유전자를 삽입하거나 연결한다. [유전자의 합성] DNA를 화학적으로 합성하여 핵내 주입이나 인공적 조립에 이용한다.	유전자의 구조를 밝혀 유전병이나 암의 원인을 알아낸다. 세포 분화의 메커니즘을 추정	미량 단백질이나 호르몬의 대량 생산 (예: 인터페론, 성장호르몬, 모노크론 항체), 효소 생산균 등의 품종 개량, 유전병의 진단과 치료

표 31-1. 인공적인 유전자의 조작

32. 발생의 신비를 캐다—발생공학

단 한 개의 작은 수정란이 세포분열을 시작한다. 수많은 세포로 나누어지며 큰 덩어리를 만들고 그 덩어리에 몇 개의 굴곡이 생기면서 이윽고 손발이나 눈, 심장 등의 기관이 형성되어 간다.

이와 같은 생물의 발생을 특수촬영한 영화를 본 사람은 그 신비성에 매우 깊은 감동을 받았을 것이다.

이와 같이 한 개의 세포가 분화하여 어떻게 몇 개의 기관을 만들게 되는가? 배발생의 어떤 단계에서 세포는 특정 기관이 되도록 운명 지어지는 것일까? 이런 의문에 대한 답을 찾기 위해 발생생물학자들은 여러 가지 실험을 하고 있다. 이는 '발생공학'이라 일컬어지며, 가령 다음과 같은 방법이 자주 사용된다.

발생이 어느 정도 진전되었을 때, 배의 일부 세포 집단을 잘라내어 같은 배의 다른 장소에 이식시켜 그대로 계속 발생시킨다. 이윽고 그 세포 집단이 신경이나 근육이 된다면, 그 세포는 신경이나 근육이 될 세포였다고 생각한다. 이러한 방법으로

① 배의 어떤 장소의 세포는 신경이나 근육으로, 또 다른 장소의 세포는 소화관이나 혈관이 되기 위한 원(元)세포이며,
② 어떤 장소의 세포가 특정 기관이 되기 위하여는 그 주변의 다른 세포의 영향을 받는다.

라는 것을 알게 되었다.

한편 배의 발생 초기, 예를 들어 수정란이 몇 번 분열했을 무렵의 세포 하나하나는 그것이 각각 특정 기관이 되도록 운명 지어져 있는 것이 아니라, 어떤 것으로도 분화할 수 있다고 추정되고 있다.

그렇다면 발생 초기에 분열하여 생긴 수개 내지 수십 개의 세포의 자손이 성숙 개체가 되었을 때에는 몸의 어느 부분에 어떻게 배열하고 있을까? 혹은 완전히 뒤죽박죽으로 되어 있는 것은 아닌가?

미국의 여성 과학자인 민츠(Beatrice Mintz, 1921~2022)는 이 의문에 대해 답하기 위해 생쥐를 사용하여 실험해 보기로 했다. 모두 검은 체색인 두 양친 생쥐의 수정란이 거듭 분열하여 8개의 세포로 되었을 때 그 모친의 자궁에서 그것을 떼어낸다. 마찬가지로 양친이 모두 흰 생쥐의 8개의 세포로써 된 배를 모친의 자궁에서 떼어낸다. 검은 쥐의 배세포 4개를 분리하여 흰 쥐의 배세포 4개와 합쳐 8개의 세포로 이루어진 혼합배를 만들었다. 그리고는 전혀 다른 생쥐의 자궁에 이 혼합배를 집어넣어 발생시킨 후 출산하게 했다.

이 새끼 생쥐의 털은 놀랍게도 얼룩말처럼 검은색과 흰색이 섞인 줄무늬를 하고 있었다(그림 32-2). 내부의 장기는 그 색깔을 알 수 없었지만, 다른 방법으로 조사하자 여기서도 역시 검은 생쥐와 흰생쥐의 세포가 비교적 정연하게 배열되어 있었다. 그러므로 수정란이 분열하여 8개의 세포로 되었을 무렵의 세포는, 아직 특정 기관이 되도록 결정되지 않았지만, 발생을 통하여 몸의 여러 장소에, 더구나 정연하게 배치되도록 운명 지어져 있었다.

보통 검은 쥐와 흰생쥐를 교배시킬 때 거기서 생기는 새끼의 세포에서는

부(흑)에서 유래하는 염색체 한 벌
모(백)에서 유래하는 염색체 한 벌 } 씩이 각 세포에 존재

하고 지금 말한 혼합배에서 생긴 새끼의 세포에서는

부(흑)에서 유래하는 염색체 두 벌 → 어떤 세포에 존재
모(백)에서 유래하는 염색체 두 벌 → 다른 세포에 존재

하는 상태로 되어 이들 세포의 혼합으로 된 개체가 된다. 즉 '키메라(chimera)* 생쥐'가 되는 것이다.

이와 같은 발생공학의 기술은 항체 생산 능력을 억제하는 메커니즘을 알기 위한 연구에도 사용되었다. 우리의 세포 표면에는 몇 가지의 항원이 있고, 핵에는 그것의 설계도에 해당하는 유전자가 있다. 이 유전자는 우성 유전을 한다. 혈액형 물질로서 알려진 A항원, B항원도 그것의 일종이다. 그리고 우리는 그들의 '세포 항

***

* 키메라 (chimera): 두 개 이상의 아주 다른 계통의 조직이 합해져서 하나의 생물체를 형성하는 것. 동식물계에서 종종 볼 수 있는데, 초파리가 몸의 반은 수, 나머지 반은 암의 조직으로 되어 있는 자웅 겸 유형(雌雄兼類型)인 것도 그 일례임.

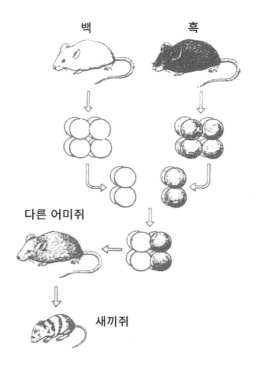

백　　　　　흑

다른 어미쥐

새끼쥐

32-2. 키메라 쥐를 만드는 방법

원'에 대한 항체를 만들기 위한 유전자도 가지고 있다. 그러나 어떤 세포 항원을 만드는 사람은 그것에 대한 항체는 만들지 않는다. 예를 들어 A항원을 만드는 사람(혈액형으로 말하면 A형과 AB형인 사람)은 항A 항체를 만들지 않고, B항원을 만드는 사람(혈액형으로 말하면 B형과 AB형인 사람)은 항B 항체를 만들지 않는다.

　　그런데 신기한 것은, 이들 세포 항원에 대한 항체 생산 유전자는 어느 때는 우성 유전자로서 유전하는 듯이 보이고, 어떤 경우에는 열성 유전자로서 기능하는 듯이 보이기도 한다.

그래서 K. B. 벡틀과 M. 하젠바크 등은 이를 위해 세포 항원형이 다른 두 종류의 생쥐의 배세포를 섞어 키메라의 새끼 생쥐를 만들어 보았다. 태어난 새끼는 기대했던 것처럼 양친 각각의 세포 항원을 지니는 세포의 키메라였다. 그리고 부친은 모친의 항원에 대한 항체 생산 능력을, 모친은 부친에 대한 항체 생산 능력을 지녀서 키메라의 새끼는 이것들의 항체 생산 세포를 가지고 있을 터인데도 이들의 항체를 만들지 않았다.

이것으로부터 항체 생산의 유전자는 확실히 우성 유전자이며, 항원 유전자도 마찬가지로 우성 유전을 하는 것이지만, 태어나기 전에 자신의 몸 속에 있는 세포 항원에 대한 항체를 만드는 능력은 유전자 이외에 작용하는 제어기구에 의해 억제되어 버려, 유전자가 있어도 만들지 않게 된다는 것을 분명히 가리키고 있었다.

현재는 이와 같은 발생공학 기술은 다음에 말하려는 세포공학과 유전자공학의 기술과 병행하여 유전자병의 치료 등의 목적에 이용되려 하고 있다.

33. 클론 인간은 가능할까?

『서유기』에서 활약하는 주인공 손오공은 물속이나 불속에 숨는 등 놀라운 마법 기술을 연달아 구사한다. 가히 500여 년 전의 「007」이다.

마법 중에서도 유별나게 뛰어난 것은 분신술이다. 막판에 마침내 고전에 이르게 되면, 몸의 털을 뽑아 주문을 외며 혹 숨을 불어넣으면 그 털이 날아올라 한 모 한 모가 또 다른 손오공이 된다. 그렇게 변한 모든 손오공이 적에게 덤벼든다.

여러분은 자신과 똑같은 인간을 한 사람, 아니 몇 사람이라도 만들 수 있을는지 문득 궁금한 적은 없었는가? 수명이 한정된 인간은 언젠가는 죽음에 임하게 된다. 어차피 죽음에서 벗어날 수 없다면 적어도 '자신과 똑같은 인간을 후세에 남기고 싶다'라는 소망은 예부터 있었을 것이다. 자식을 낳을 수는 있지만, 태어난 자식은 어디까지나 다른 또 한 사람의 성질과 자신의 성질을 합하여 둘로 나눈 것이다. 왜냐하면 자식은 양친의 유전자를 가지고서 태어나기 때문이다.

자신과 똑같은 인간을 한 사람 더 만들기 위해서는 자신의 유전자를 고스란히 지니는 인간을 만들어야만 한다. 그러려면 자신의 세포를 증식시켜 분화함으로써 완전한 하나의 개체가 되게 하는 수밖에 없다. 다른 방법은 없다.

1978년경 신문에 충격적인 보도가 나왔다. 미국의 재산가가 어느 연구자에게 부탁하여 자신의 세포를 증식시켜 자신과 똑같은 인간을 만드는 데 성공했다고 하는 것이다. 얼마 후 이 이야기는 조작된 것이라고 밝혀졌다. 그러나 세포생물학 기술이 매우 발달한 최근이라면 클론(clone) 인간을 만드는 것도 불가능하지만은 않을 듯 보인다.

클론이란 본래 식물체의 일부에서 싹이 트고 가지와 잎이 생기기 시작할 때 모체의 식물로부터 분리되어 독립적으로 증식한 식물군을 가리키는 말이다. 쉬운 이야기로 국화잎을 몇 개 따서 땅에 꽂아 두면 저마다 새싹이 터서 국화가 되는데, 여기에서 생긴 국화 전체는 클론인 것이다. 물론 동물과 인간의 경우 그런 간단한 방법으로 개체를 증식시킬 수는 없다. 독립하여 증식·분화하여 개체가 될 수 있는 세포는 생식세포에 한정되어 있기 때문이다.

그러나 1967년 경 미국의 거든(John Bertrand Gurdon, 1933~)은 다음과 같은 연구를 하여 '클론 개구리'를 만드는 데 성공했다. 어떤 개구리의 체세포에서 핵을 끄집어내어 다른 개구리의 생식세포 속에 넣어 증식시켜, 처음의 개구리의 유전자를 가진 개구리를 만든다는 방법이다. 좀 더 자세히 말하자면 어떤 종의 올챙이에서 장(腸)의 상피세포에 모세관을 꽂아 넣어 그 핵을 추출한다. 다른 개구리의 미수정란을 끄집어내어 자외선을 쬔 다음 장의 세포핵을 주입한다. 핵이 주입된 미수정란은 올챙이의 세포의 핵과 미수정란의 세포질이 합쳐져서 만들어진 핵이식 세포인데, 배양하면 세포분열이 시작되어 세포가 차츰 증식하고 이윽고 올챙이가 된다. 그리고 다시 몇 마리는 성체 개구리로까지 성장한다.

포유동물에서 클론을 만드는 것은 개구리보다 훨씬 어려웠다. 그러나 호프(P. C. Hoppe)와 이르멘세(Karl Illmensee, 1939~)는 1977년 개구리와 비슷한 방법으로 '생쥐의 클론'을 만드는 데 성공하였다. 쥐의 경우는 미수정란에 핵이식을 하여도 증식이 잘 안 되므로 수정란에서부터 출발하여 수정란 속의 암컷과 수컷의 핵 중에서 어느 한 쪽을 제거시키는 방법이 사용되었다(그림 33-1).

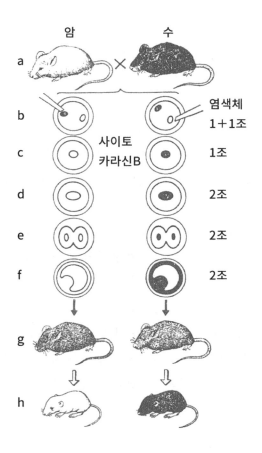

33-1. 클론 생쥐 만들기. a: 유전자가 다른 검은색, 흰색 생쥐를 교배
시킴. b: 모친에서 얻은 수정란에는, 난자의 핵(백)과 정자의 핵(흑)이
있는데, 그중 어떤 것을 모세관으로 추출한다. c~d: 한 개의 핵만 남
은 수정란에 사이토카라신B를 넣어 2배체로 한다. e~f: 배양하여 세
포분열을 시키면 배가 된다, g: 이것을 적당한 암생쥐의 자궁에 넣어
생장시킨다. h: 출산된 생쥐는 남겨진 핵의 유전자만을 갖고 있으므
로, 흰색 또는 검은색의 클론 생쥐가 된다.

어느 쪽의 핵을 제거했는지 나중에 알 수 있도록 검은 쥐의 난자에 흰 쥐의 정자를 수정시킨다. 또 양쪽 핵이 난자 속에 나타나는 시기에 그 두 개의 핵 중에서 한 개를 유리 모세관으로 빨아내어 버린다(그림 33-2). 이 세포는 분열, 증식을 시작하지만 그 속의 핵에는 염색체가 절반밖에 들어가 있지 않으므로, 그대로는 성장할 수가 없다. 그래서 '사이토카라신 B'라는 약을 주어 염색체를 2배로 늘려 체세포의 염색체와 같은 수로 만든다.

이 세포는 정상으로 증식하기 시작하지만, 그때 이것을 다른 암쥐의 자궁 속에 넣어주고 그 속에서 자라게 한다. 이윽고 태어난 쥐는 처음의 검은 쥐 또는 흰 쥐와 꼭 같은 유전자를 가지고 있어서 털색도 형태도 성질도 똑같은 것으로 성장한다(그림 33-3).

사이토카라신 B에는 세포 내부의 활동을 정지시키는 작용이 있어 이것을 분열 중인 세포에 주입하게 되면 염색체의 분배가 중지된다. 그러므로 정상적인 세포분열 때에 2배로 되어 있는 염색체를 절반씩 끌어당겨 두 개의 세포로 분배하는 조작이 멈추어지고 세포는 보통의 2배의 염색체를 가진 채로 휴지기로 접어든다.

다음의 분열 때에 사이토카라신B를 배양액에서 제거하면, 다시 정상 세포분열이 일어나므로 2배로 된 염색체(체세포는 보통 2배체)는 그대로 자손세포에게 전달된다.

보통 개체의 자손세포는

부의 염색체 한 벌 ⎱
모의 염색체 한 벌 ⎰

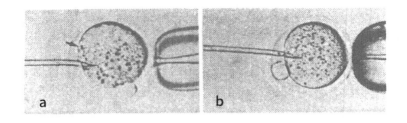

33-2. 세포의 핵 추출. 생쥐의 수정난(중앙)의 직경은 30마이크론 정도. 난의 앞쪽을 둥근 유리관(오른쪽)으로 빨아들여 고정하고, 가는 유리관(왼쪽)을 꽂아(a), 한 개의 핵을 뽑아낸다(b).

33-3. 이르멘세 등이 만든 클론 생쥐. 아래의 왼쪽에서부터 검은색 클론 생쥐, 흰색 클론 생쥐, 갈색의 부모에게서 태어난 보통 생쥐. 위는 부모 한쪽의 핵을 제거한 수정난을 배양시켜 성장시킨 부모 생쥐(갈색).

을 가지고 있지만, 이와 같이 하여 만들어진 클론동물의 세포는

부의 염색체 두 벌
또는
모의 염색체 두 벌

의 어느 한쪽만 가지게 된다.

인간 역시 '시험관 아기'라는 방법이 사용되고 있다. 그것은 모친의 난세포와 부친의 정자를 시험관 속에서 수정시켜 어느 정도 분열·증식할 때까지 배양액 속에서 자라게 한 다음 모친의 자궁 안으로 되돌려 주는 방법이다. 그러므로 체외수정 또는 시험관 내 수정이라고 하는 편이 좋을 듯싶다. 그것은 그렇다 치고, 이 수정란에 쥐에게 한 방법과 같은 조작을 가하면 이론적으로는 클론인간을 만들 수가 있다. 인간의 수정란에는 쥐와는 다른 데가 있어 지금 말한 것과 같은 방법을 그대로 적용하기는 어렵다. 그러나 연구하려고 한다면 여러 가지 방법이 모색되어 불가능하지는 않을 것이다.

하지만 이는 의학적으로 보아도 아직 여러 가지 위험성을 안고 있다고 생각된다. 또 그와 같은 클론 인간을 만든다는 것은 사회적으로 보아도 큰 문제이다. 자식을 낳아 기르고 교육하는 행위 가운데서 형성되는 가족 사회가 어떤 형태로건 침해를 당하게 되지 않을까 하는 등의 심각한 문제가 많이 대두된다.

어떤 명령이라도 그대로 따르는 개조인간(改造人間)을 만들어 그것을 클론화하여 증가시켜서 군대를 편성하면, 어느 위험한 적지

에 투입되더라도 명령만 떨어지면 죽음을 두려워하지 않고 싸우기 시작한다는 SF이야기가 있었다. 이런 일은 현재의 기술로는 도저히 불가능하며 SF의 세계에서만 볼 수 있는 것이다.

그러나 설사 다른 목적으로라도 클론 동물을 만드는 기술을 인간에게 도입, 응용한다는 것은 확실히 위험한 일이며 사회적인 감시가 항시 적용되어야 할 터이다.

보다 윤리적인 이야기를 하자면 '맘모스를 소생시키자'라는 계획이 구상되고 있다. 맘모스란 수천 년 전에 멸종된 동물인데, 시베리아의 빙하 속에서 보존 상태가 좋은 새끼의 시체가 발견되고 있다. 이 맘모스를 현존하는 코끼리의 생식세포의 핵과 교환하여 코끼리의 자궁 안에서 기를 수 없을까 하고 소련 학자가 계속 검토 중이라고 한다.

물론 현 단계에서는 불가능하겠지만, 실험동물을 사용하여 근연관계에 있는 이종동물의 핵과 교환하여 태(始)의 발생을 성공시킬 수 있게 된다면, 맘모스를 소생시켜 그 생태를 관찰할 수도 있을지 모른다. 멸종 직전의 새나 동물들도 이러한 방법으로써 인공적으로 종을 유지하는 일이 가능할지도 모른다.

34. 세포공학이란?

특정 생물의 유전자를 다른 생물에 이식하여 인간에게 유리한 생물을 만듦으로써 이득을 보겠다는 생각이 욕심 많은 인간 사회에 나타나는 것은 당연한 일이다. 그러나 소의 DNA를 말에게 주사하여도 말에게 쇠뿔 같은 것이 돋아나지는 않는다. 유전자인 DNA가 그렇게 쉽사리 다른 생물의 세포 속에 들어가 정착하지는 않기 때문이다.

그래서 고안된 것이 '세포공학'이라는 이름의 새로운 기술이다. 그중 하나가 '세포융합법'으로, 두 종류 생물의 세포를 하나의 세포로 합쳐 양쪽 성질을 고루 갖춘 세포나 생물을 만들려는 것을 뜻한다. 동물의 세포를 배양해 두고 여기에 마우스에 감염하는 바이러스의 일종인 '센다이바이러스(sendai virus)'를 넣으면 바이러스는 세포 표면에 강하게 결합한다. 만약 몇 개의 세포가 주위에 있으면 그것들을 결합시킨다. 결합한 세포의 결합면 부분의 세포막은 제거되어 세포질과 세포질이 서로 섞이게 되며 두 개의 세포가 한 장의 세포막으로 감싸이게 된다(그림 34-1). 그 속에 있던 염색체는 핵분열 때에 혼합되고, 그 이후는 마치 한 개의 세포인 것처럼 분열하여 자손을 만든다. 이러한 현상을 발견해 낸 사람은 일본의 오사카대학의 오카다(岡田善雄)박사이다. 현재는 센다이바이러스 대신에 폴리에틸렌글리콜(polyethylene glycol) 등의 화학 약품이 사용되고 있다.

세포융합법은 특정 단백질을 대량으로 생산하는 데 응용되고 있다. 예를 들어 어떤 병원균에 대한 항체를 대량으로 생산하려면 그 항체를 생산하고 있는 림프구(lymphocyte)를 추출하여 배양하면 되지만 실제로 림프구는 그렇게 간단히 증식되지는 않는다.

증식을 잘하는 암세포와 림프구를 지금 말한 방법으로 융합시

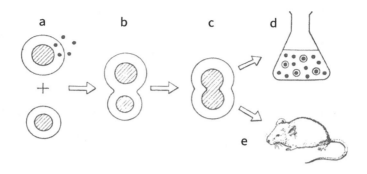

34-1. 세포융합법을 사용한 단백질의 대량생산. a~b: 인슐린 등의 미량의 생체 성분을 생산하는 세포는 증식이 느리므로, 번식이 잘 되는 암세포와 혼합하여(a) 폴리에틸렌글리콜을 넣으면 그 두 세포는 융합한다(b). c: 융합세포를 몇 대 분열시키면 양쪽의 세포가 골고루 공존하는 세포를 얻을 수 있다. d~e: 유리관 안에서 배양시키거나(d), 면역능력을 억제시킨 햄스터 등의 동물에 주입하여 증식시키면, 목적하는 미량 생체 성분을 대량 생산할 수 있다.

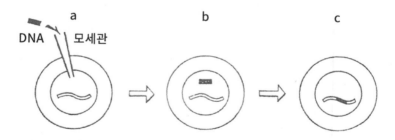

34-2. DNA의 핵내 주입법에 의한 유전자 첨가. a~b: 특정 유전자를 가진 DNA단편을 가는 유리관으로 세포핵에 주입하면(a), 핵내로 들어간 DNA는 주형이 되어 세포내에서 mRNA와 그외 단백질을 합성시킨다(b). 이 DNA가 세포의 DNA와 교환을 일으켜 세포의 유전자가 되기도 한다(c).

키면 특정 항체를 생산할뿐더러 잘 증식하는 세포가 태어난다. 이 세포를 대량으로 배지에 넣어 얼마 동안 배양하면 배양액에는 목적하는 항체가 많이 방출된다. 이 방법을 사용하여 순수한 항체를 대량으로 생산하거나 보통 방법으로는 조금밖에 얻을 수 없는 특수한 효소를 충분한 양만큼 만들 수 있다.

식물에서는 세포융합법이 육종에 이용되고 있다. 식물세포는 딱딱하고 두꺼운 세포벽에 감싸져 있는데 적당한 효소 처리로 세포벽을 제거하면 세포를 융합시킬 수 있게 된다. 여기서 빨리 성장하는 식물과 열매가 많이 열리는 식물로부터 세포를 떼내어 융합시키고, 그 만들어진 세포를 한천 위에서 배양시키면 뿌리와 잎을 만들게 된다. 이것을 땅에 심어 기르면 빠르게 성장하고 많은 열매를 맺는 식물을 얻을 수 있다.

꽃가루를 암술에 묻혀 교배시키는 방법은 근연의 식물끼리라면 씨앗이 만들어져 자손을 번식시키기만, 근연 관계가 먼 종류끼리는 씨앗이 맺지 않으므로 교배법으로 이 두 가지 성질을 혼합한다는 것은 불가능하다. 그런데 세포융합법을 이용하면 비교적 연관관계가 먼 종들 사이에서도 유전자 혼합이 가능하기 때문에 이 방법은 새로운 품종을 만드는 획기적인 방법이라 하여 기대되고 있다.

그러나 세포융합법에서도 아직은 수많은 유전자 중의 하나만을 골라내어 다른 생물에게 이식할 수는 없다. 그러기 위해서는 'DNA의 핵내 주사법'이 시도되고 있다(그림 34-2). 세포 속에 가느다란 바늘과 같은 유리관을 꽂아 넣어 여러 가지 용액을 주입하는 방법은 독일 학자들에 의해 이전부터 개발되어 있었다. 배양한 세포를 도립현미경(倒立顯微鏡: 배양세포 위에 광원을 두고 아래쪽에 렌즈를 놓고 관찰한다) 아래서 관찰하면서 선단의 지름이 0.1μ 정도의 가느다란 유리모세관을 비스듬히 위에서부터 삽입하여 그 유리관에 넣어 두었던 용액을 주입하는 아주 숙련을 요하는 방법이다.

일본의 오사카 시립대학의 후루자와(古澤) 교수의 연구실에서는 이 유리관을 바로 위에서부터 꽂아 넣는 방법을 개발하였다. 그것은 광원 앞에 부착된 집광렌즈의 중심에 구멍을 뚫어 거기서부터 바늘을 삽입하는 일반 상식에서 벗어난 방법이었다. 바로 위에서 바늘을 삽입하기 때문에 정확하게 삽입할 수 있고 핵 속에 용액

34-3. 세포 내
주입 장치를 갖춘 현미경

을 주입하는 것도 쉽게 할 수 있게 되었다. 아직은 실험적 단계이지만, 특정 유전자의 DNA를 추출하여 이런 방법으로 세포의 핵에 주입하여 세포 DNA의 재조합을 일으켜 그 세포에 유전자를 옮겨놓는 일을 기대할 수 있게 되었다.

이와 같은 방법을 사용했다고 하더라도 아직은 우연에 기대하는 부분이 너무도 많다. 그래서 개발된 것이 다음에 말하려는 인공적인 DNA의 재조합 방법이다.

35. 분자교잡

유전자공학을 이야기하기 전에 분자생물학의 기본적인 실험 방법인 핵산의 '분자교잡법(分子交雜法)'을 설명하겠다.

DNA의 겹사슬은 아·티와 구·시가 대응하여 구성되지만, 그 염기에 해당하는 A·T와 G·C 사이의 결합은 '수소결합'이라 하는 약한 결합력으로 연결되어 있다. 그러므로 겹사슬의 DNA 용액을 70℃ 정도로 가열하면 그 겹사슬은 두 개의 외사슬 DNA로 나누어진다(그림 35-1). 그러나 이것을 천천히 냉각시키면 외사슬 위의 염기는 상대의 염기를 찾아 수소결합을 하므로 다시 겹사슬이 만들어진다. 또 이 용액 속에 RNA 조각을 가하면 그 RNA의 염기배열이 DNA의 염기배열과 대응할 경우 DNA와 가한 RNA 사이에서도 수소결합이 이루어진다. 예를 들어 어떤 유전자의 DNA 단편을 취하여 그 DNA를 주형으로 하여 만들어진 mRNA와 섞어서 가열·냉각시켜

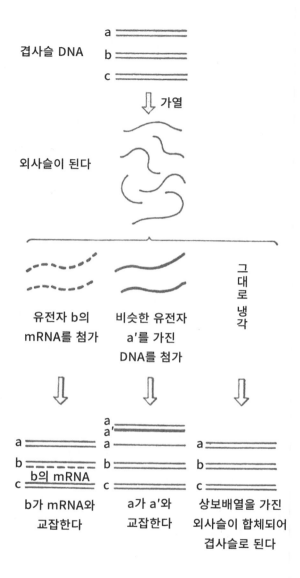

겹사슬 DNA

가열

외사슬이 된다

그대로 냉각

유전자 b의
mRNA를 첨가

비슷한 유전자
a'를 가진
DNA를 첨가

a
a'
a

b

c

a

b

c

b의 mRNA

b가 mRNA와
교잡한다

a가 a'와
교잡한다

상보배열을 가진
외사슬이 합체되어
겹사슬로 된다

35-1. DNA의 분자교잡

방치해 두면 mRNA와 주형 DNA의 염기가 서로 대응하고 있으므로 그것들 사이에 수소결합이 이루어져 겹사슬 DNA와 같은 형태가 된다(그림 35-1의 하단).

이 원리는 분자교잡법(hybridization법) 실험 기술에 이용되고 있다. 이것은 분자생물학의 연구에 제일 많이 쓰이는 방법이다. 그 예를 소개하자면 다음과 같다.

① 두 종류의 생물, 예를 들어 인간과 원숭이의 DNA를 추출하여 각각 수백 뉴클레오티드쌍의 길이로 잘라 둔다. 원숭이의 DNA는 ^{32}P 등의 아이소토프(동위원소)로 표지해 둔다. 둘의 DNA를 가열하여 외사슬로 한 다음 혼합하여 일정 시간이 지나면, 인간의 DNA의 외사슬끼리는 상대의 외사슬을 찾아 원래의 겹사슬로 되지만, 만일 원숭이의 DNA의 외사슬 속에서 사람의 DNA의 외사슬과 같은 염기배열을 가지는 것(즉, 사람과 똑같은 유전자의 DNA 사슬)이 있으면 인간의 DNA의 외사슬은 그 원숭이의 DNA의 외사슬과도 결합한다(그림 35-1의 중단). 일정한 시간이 지난 후에 겹사슬을 형성하고 있는 단편만을 끄집어낸다. 겹사슬 DNA만을 흡착시키는 필터가 있어 이것으로 그것들을 건져낼 수 있다. 또 외사슬만을 분해시켜 버릴 수 있는 효소를 작용시켜 두면, 더욱 정확하게 겹사슬만을 추출해 낼 수 있다. 추출한 겹사슬의 방사활성(放射活性)을 측정하면 어느 정도의 DNA가 겹사슬이 되었는지 알 수 있다.

어떤 조건 아래서는 인간의 DNA는 표 35-1에서와 같이 다른 생물의 DNA와 분자교잡을 일으킨다. 원숭이 유전자의 종류는 인간과 가깝고 물고기, 개구리로 나아갈수록 유사성이 적어지는 것을 알게 될 것이다.

② 활발하게 항체 단백질을 만들고 있는 림프구라는 세포는 항체 단백질의 mRNA도 많이 가지고 있으므로 그와 같은 mRNA를 모아 정제한다는 것은 유전자 전체의 100만 분의 1 밖에 없는 항체 유전자 DNA를 추출하는 것보다 훨씬 더 쉽다. 항체의 mRNA를 추출하여 세포의 모든 DNA를 절편으로 한 것에 가하면, 이 mRNA는 항체 유전자만을 포함하는 DNA 절편과 분자교잡을 일으킨다. 교잡한 핵산만을 추출하여 적당한 방법으로 RNA만을 파괴하면 항체 유전자를 얻을 수 있다. 이 DNA를 DNA 재조합법으로 증식시켜 그 구조를 조사할 수도 있다.

DNA	사람의 DNA와의 교잡(%)
사람	100
원숭이	95
닭	82
송어	65
개구리	52
대장균	0.5

사람과 사람 사이의 교잡이 100이 되도록 보정한 것.

표 35-1. 사람과 각종 생물의 DNA 상사성

또 mRNA를 방사성 동위원소로 표지해 두면, 전기영동(電氣泳動) 등으로 분획(分劃)한 DNA의 어딘가에 항체 유전자가 포함되어 있는지를 알 수 있다.

③ 두 종류의 DNA 절편을 분자교잡시키면 ①과 같이 DNA사슬의 뉴클레오티드 배열이 같은 부분, 즉, 공통의 유전자 부분에서 결합이 일어나지만, 그 밖의 부분은 외사슬인 그대로 남아 있다. 이것을 전자현미경으로 관찰하면 그림 35-2와 같이 결합한 부분은 한 가닥의 실로 보이고, 결합하지 않은 부분은 두 가닥으로 갈라져 보인다. 이 사진으로부터 공통인 유전자 DNA의 길이를 측정할 수 있다.

mRNA와 mRNA의 주형을 포함하는 DNA 절편과 교잡시켜 전

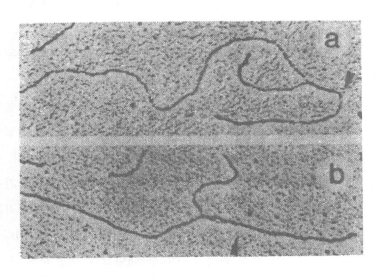

35-2. DNA의 전자현미경 사진

자현미경으로 관찰하면 DNA 절편의 어느 부분이 mRNA 합성 때의 주형인가를 잘 알 수 있다.

36. 인공적 DNA 재조합법

유전자의 인공적 재조합법이란 유전자의 암호 테이프인 DNA를 세포에서 분리시켜 시험관 속에서 잘랐다가 이었다가 하는 방법이다.

이 방법에 의하면 임의의 생물의 유전자를 끄집어내어 다른 임의의 생물의 DNA에 연결하여 그 생물의 유전자로 만들어 버릴 수 있다. 예를 들어 인간의 유전자를 대장균 DNA에 삽입하여 마치 대장균의 유전자의 일부인 것처럼 하여 대장균의 증식과 함께 증식시킬 수가 있다.

인공적인 DNA의 재조합에는 크게 두 가지 방법이 이용된다 (표 31-1).

첫 번째는, 어떤 생물의 특정 유전자를 추출하여 다른 생물의 DNA에 삽입하여 그 생물 DNA의 일부분으로 만들어 버리는 방법이다. 이 방법은 세균과 발효미생물을 개량하는 데 응용되고 있다. 이 때는 목적하는 유전자를 세균의 염색체 DNA에 직접 연결시키기도 하지만, 오히려 세균이 가지고 있는 플라스미드 DNA에 연결시키는 경우가 더 많다. 왜냐하면 후자의 방법이 훨씬 용이하기 때문이다.

두 번째 방법은 특정 유전자 DNA를 대량으로 생산하게 하여, 그 유전자의 구조를 조사하거나, 그 유전자의 산물인 단백질을 대

량으로 생산시킬 것을 목적으로 하고 있다. 유전자의 대량생산을
위하여는 목적 유전자의 DNA를 바이러스 DNA에 결합시켜 세균
등의 세포에 감염시켜 증식한다. 또 단백질의 대량생산을 위하여는
세균의 소형 플라스미드 DNA에 연결시켜 세균에 넣어 그 유전자
를 주형으로 하여 단백질을 만들게 한다.

먼저 이들 방법을 대략 소개하겠다. 각각의 단계에 따른 자세
한 방법은 나중에 설명하기로 한다.

인공적 재조합법에는 그림 36-1에서 보인 바와 같이, 목적으
로 하는 유전자를 포함하는 DNA와 그 유전자를 증식시키는 장소가
될 세균이나 동식물의 세포가 필요하다. 또 그 세포에 목적 유전자
를 운반하는 운반자, 즉 바이러스(세균의 경우는 박테리오파지) 또

목적으로 하는 DNA

❶ 바이러스, 세균, 동식물, 사람 등의 세포에서 추출

❷ DNA수용체: 세균이나 동식물의 세포

❸ 운반자: 박테리오파지(바이러스 일종)나 동물성 바이러스 등이 사용된다. DNA는 환형

❹ DNA 절단 효소: DNA의 특정 염기 배열 부분만을 자르는 효소 (제한 효소=가위의 역할)

❺ DNA 제결합용 효소: DNA 연결 효소 (리가제=풀의 역할)

36-1. 인공적 DNA재조합에 필요한 재료와 도구

는 플라스미드를 준비해야만 한다. 그리고 목적 DNA를 바이러스나 플라스미드의 DNA에 삽입하기 위해서는 '가위'와 같은 기능을 하는 DNA 절단효소 및 '풀'의 기능을 하는 재결합 효소가 필요하다.

가위에 해당하는 것은 제한효소(122쪽)이고, 세포 DNA와 운반자 DNA의 양쪽에 같은 제한효소를 작용시키면 그림 36-2의 a와 b 같이, 이것들의 DNA는 같은 형의 '결합할 곳'을 남기고는 절단된다. 결합할 곳인 부분의 뉴클레오티드 배열에는 그림 36-3에서 보인 것과 같이 상보성(相補性)이 있으므로 이 그림처럼 결합된다. 이것에 DNA 연결 효소를 작용시키면 잘린 곳이 이어져서, 세포 DNA를 삽입한 파지 또는 플라스미드가 만들어진다(그림 36-2c).

세포 유전자가 삽입된 운반자를 대장균에 감염시키면 (그림 36-2d), 운반자인 파지 또는 플라스미드는 균 속에서 증식한다. 운반자로서의 플라스미드가 사용될 때는 그 속의 세포 유전자가 주형이 되어 mRNA가 대장균 속에서 만들어지고, 다시 그 mRNA에 의해 단백질이 활발하게 합성된다(e). 이 단백질을 적당한 방법으로 대장균에서 분리시키면 목적하는 단백질이 대량으로 생산된다.

또 파지를 운반자로 사용하면 파지는 세포 안에서 증식하여 균을 파괴하고 밖으로 나오므로 이것을 수집하여 DNA를 추출한다. 처음에 사용했던 것과 같은 제한효소로 이 DNA를 자르면 목적하는 유전자를 포함한 DNA 단편이 대량으로 얻어진다(f).

한 예로 인간의 헤모글로빈 유전자를 대장균 속에서 증식시키는 방법을 좀 더 자세히 설명하기로 하자.

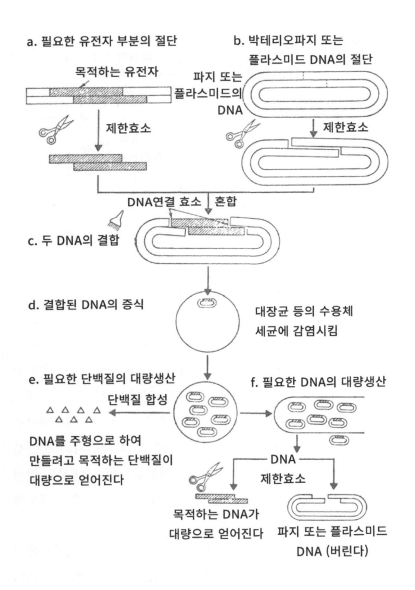

a. 필요한 유전자 부분의 절단

b. 박테리오파지 또는
   플라스미드 DNA의 절단

목적하는 유전자

파지 또는
플라스미드의
DNA

제한효소

제한효소

DNA연결 효소 | 혼합

c. 두 DNA의 결합

d. 결합된 DNA의 증식

대장균 등의 수용체
세균에 감염시킴

e. 필요한 단백질의 대량생산

단백질 합성

f. 필요한 DNA의 대량생산

DNA를 주형으로 하여
만들려고 목적하는 단백질이
대량으로 얻어진다

DNA
제한효소

목적하는 DNA가
대량으로 얻어진다

파지 또는 플라스미드
DNA (버린다)

36-2. DNA 재조합법의 원리

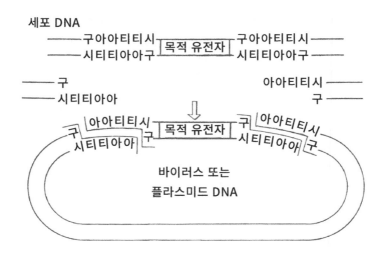

세포 DNA

구아아티티시　목적 유전자　구아아티티시
시티티아아구　　　　　　　시티티아아구

구　　　　　　　　　　　아아티티시
시티티아아　　　　　　　　　　구

구　아아티티시　목적 유전자　구　아아티티시　구
시티티아아　　　　　　　　시티티아아

바이러스 또는
플라스미드 DNA

36-3. 뉴클레오티드 배열의 상보성

① 세포 DNA 속으로부터 헤모글로빈 유전자를 검출하기 위한 도구로 헤모글로빈의 mRNA를 준비해야 한다. 앞에서 말한 것과 같이 방사성 동위원소로 표지한 mRNA를 적당히 잘게 자른 세포 DNA에 가하여 분자교잡을 일으키도록 하면, mRNA는 헤모글로빈 유전자를 포함하는 DNA 절편과 결합하므로 그 유전자의 존재를 알 수 있게 된다. 헤모글로빈 mRNA는 헤모글로빈 단백질을 왕성히 만들고 있는 세포에 많이 포함되어 있으므로 이와 같은 세포에서 추출하여 정제한다.

　　그런데 mRNA를 주형으로 하여 '역전사 효소'라는 DNA 합성 효소의 일종을 가하여 시험관 안에서 DNA를 합성하면, mRNA의 네거티브 사슬에 해당하는 DNA가 만들어진다(그림 36-4). 이것은 mRNA와는 상보적인 뉴클레오티드 배열을 가지고 있으므로 '상보 DNA'(cDNA)라 하며, cDNA는 포지티브사슬에 해당하는 DNA와 분자교잡을 일으키기 쉬우므로 특정 유전자를 검출하기 위해서는 mRNA보다도 cDNA가 더 많이 사용된다.

② 인간의 세포로부터 모든 DNA를 추출하여, 적당한 제한효소를 작용시키면 1~3개 정도의 유전자를 포함하는 크기의 단편이 많이 생긴다. 보통은 EcoR1과 같은 효소를 사용하여 결합부위를 남겨 놓도록 절단한다(그림 36-5a).

③ 그 단편 중에서 헤모글로빈 유전자를 포함한 단편을 될 수 있는 한 많이 수집한다. 제한효소로 절단되는 따위의 염기배열을 가진 장소가 세포 DNA의 여러 곳에 있으므로 크고 작은 여러 가지 단

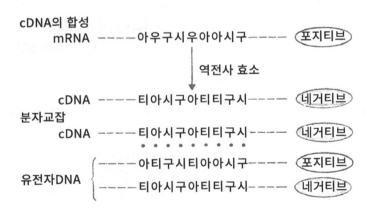

36-4. 유전자 검 출용의 상보 배열 DNA (cDNA)

편이 만들어지는데 이것을 한천겔(gel)에 이식하여 전기영동에 걸면 큰 절편에서부터 작은 것까지를 분리시켜 배열할 수 있다(그림 36-5b).

제한 효소가 작용할 수 있는 염기배열은 헤모글로빈 유전자 근처의 일정한 장소에 있으므로, 이 유전자를 포함하는 단편의 크

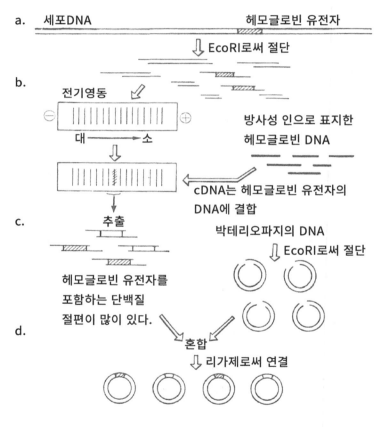

36-5. 헤모글로빈 유전자를 대장균에서 증식시키는 방법

기는 어느 것이든 같다. 따라서 전기영동에서는 헤모글로빈 DNA는 대충 일정한 크기의 장소에 모이므로, 그 부분의 단편을 수집한다. 이 단계는 다음의 ⑧에서 헤모글로빈 DNA를 포함하는 파지를 검출하는 능률을 높이기 위한 방법이므로 유전자의 종류에 따라서는 생략하기도 한다.

④ 전기영동을 한 후에 한천겔 속에 분획된 헤모글로빈 DNA를 검출하기 위해서는 헤모글로빈 mRNA 또는 그것의 cDNA를 넣어 그것이 결합하는가를 조사한다(그림 36-5b). 이미 말했듯이 DNA와 RNA의 뉴클레오티드 배열이 아·우 또는 시·구와 같이 대응하여 전체로서 상호보완적인 부분에서는 DNA와 RNA가 분자교잡을 한다. 헤모글로빈 DNA의 뉴클레오티드 배열은 복사판 mRNA에 전사되어 있으므로 헤모글로빈 DNA는 그 mRNA와 결합한다(그림 36-4). mRNA가 표지되어 있으면 헤모글로빈 DNA의 위치를 알 수 있다.

⑤ 대장균에 감염하는 박테리오파지의 DNA를 준비한다. 파지 DNA는 고리 모양이므로 그 한 곳을 앞에서와 같이 제한효소로 잘라 선모양의 DNA로 해 둔다(그림 36-5c).

⑥ 이 파지 DNA에 ④에서 모은 인간 DNA의 단편을 가하여 DNA의 단편끼리를 효소로 연결시키면 인간 DNA가 삽입된 파지의 고리 모양의 DNA가 된다(그림 36-5d). ④의 DNA는 헤모글로빈 이외에도 다른 유전자 DNA의 절편이 많이 포함되어 있으므로 여기서는 여러

가지 인간유전자를 섭취한 파지 DNA의 고리가 만들어져 있다.

⑦ 이 DNA를 다수의 대장균에 주어 1개의 DNA 고리가 한 마리의 균 속에 들어가게 한다. 이때는 대장균을 적당한 영양액에 넣으면 DNA의 섭취 즉, 형질 전환이 잘 일어나게 된다(그림 36-6a).

⑧ 섭취된 파지 DNA(여기에는 인간의 유전자도 들어 있다)는 균 속에서 복제·증식하여 단백질도 만들어 다수의 파지가 된다. DNA가 들어간 대장균과 DNA가 들어가지 않은 대장균을 섞어 한천배지의 표면에 접종해 두면 DNA가 들어간 대장균에서 만들어진 파지는 인접균에 차례차례로 감염한다. 그 때문에 처음의 파지를 중심으로 하여 지름 정도의 둥그런 용균 부위가 생긴다. 이것을 '플라크'라 하며, 각각의 플라크는 '일정한 인간 유전자를 가진 파지 집단'으로 만들어져 있다(그림 36-6b).

⑨ 각 플라크의 파지의 일부를 분리·분쇄하여 ④와 같은 방법으로 헤모글로빈 DNA를 섭취한 파지 집단을 찾는다.

⑩ 이와 같은 파지만을 취하여 다시 한번 대장균에 감염시켜 대량의 배지로 배양하면 파지가 대량으로 증식한다(그림 36-6c). 증식한 파지를 모아 DNA를 추출한 후 처음에 사용했던 제한효소로 자르면 헤모글로빈 DNA와 파지 DNA가 분리된다. 전기영동 등의 방법으로 헤모글로빈 DNA를 분리하면 대량의 헤모글로빈 DNA를 얻

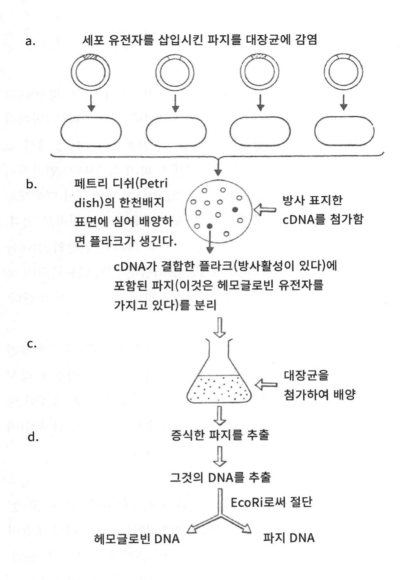

a. 세포 유전자를 삽입시킨 파지를 대장균에 감염

b. 페트리 디쉬(Petri dish)의 한천배지 표면에 심어 배양하면 플라크가 생긴다.

방사 표지한 cDNA를 첨가함

cDNA가 결합한 플라크(방사활성이 있다)에 포함된 파지(이것은 헤모글로빈 유전자를 가지고 있다)를 분리

c.

대장균을 첨가하여 배양

d. 증식한 파지를 추출

그것의 DNA를 추출

EcoRi로써 절단

헤모글로빈 DNA   파지 DNA

36-6. 헤모글로빈 유전자를 대장균 속에서 증식시키는 방법(계속)

을 수 있다(그림 36-6d).

⑪ 인간 유전자의 DNA를 대장균의 염색체나 플라스미드의 DNA와 연결시킬 수도 있다. 예를 들어 헤모글로빈이나 '인터페론'(바이러스의 감염에 대하여 저항하는 단백질. 인체나 동물에서는 극히 조금밖에 얻을 수 없다)의 유전자를 '운반자 파지'의 DNA에 연결하여 그 파지를 대장균에 감염시키면, 인간의 DNA가 대장균의 염색체와 재조합을 일으켜 인간 유전자의 DNA가 대장균의 유전자로 된다. 또 대장균에서 플라스미드를 추출하여 그 DNA와 인간의 DNA를 시험관 속에서 연결하여 다시 대장균에 되돌려주면, 헤모글로빈 유전자는 플라스미드에 실린 상태로 대장균의 유전자가 되어 버린다.

⑫ 조건을 적당하게 하면, 이 대장균은 인간의 DNA를 자신의 유전자로 생각해 버리고 그것을 주형으로 하여 mRNA를 만들고 다시 인간의 단백질을 합성한다(그림 36-2e). 잘만 하게 되면 그것이 배지에 대량으로 방출되게 된다. 이것을 수집하면 인간의 단백질(예를 들어 인터페론)을 대량으로 얻을 수 있다.

⑬ 유전자를 세균 이외의 생물의 DNA에 연결할 수도 있다. ①~⑪까지의 방법을 이용하면 원칙적으로 어떤 생물의 유전자의 조각이라도 대장균의 DNA에 연결하여 대장균의 유전자로 만들 수 있다. 또 대장균 이외의 세균에도 넣을 수 있다. 여기까지는 현재에도 활발하게 행해지고 있다. 임의의 유전자를 동물이나 식물의 세포의

DNA에 연결하여 그 세포의 유전자로 만드는 방법도 역시 시도되고 있다. 특수한 조건에서는 그와 같은 것도 시험적으로 할 수 있게 되었다.

37. 유전자를 합성한다

인도계 미국인인 코라나(Har Gobind Khorana, 1922~2011) 박사 팀은 화학적 방법으로 DNA를 합성하는 데 성공했다. 1960년대의 일이다.

처음에는 바이러스 DNA의 일부만 합성한 데 불과했으나 '마침내 인간의 손으로 유전자를 만들게 되었다'라고 당시의 사람들을 놀라게 했다. 그 후 DNA의 화학합성법이 놀랄 만큼 향상되어 자동 합성기(그림 37-1)도 사용했다.

37-1. DNA 자동 합성 장치. DNA의 화학 합성은 복잡한 방법을 사용하지만, 이 장치에서는 방법, 순서를 컴퓨터가 하여 그 프로그램에 따라 DNA가 합성된다.

현재는 '트리에스테르법'이라는 개량된 방법이 이용되고 있다. 이것으로 뉴클레오티드가 몇십 개쯤 배열된 DNA 사슬을 쉽게 합성할 수 있게 되었다.

아미노산 배열이 이미 알려져 있는 폴리펩티드가 있어 그것의 유전자를 합성할 필요가 있을 때는 이 트리에스테르법을 이용하여 다음과 같이 만들 수 있다. 호르몬의 일종인 '소마토스타틴(somatostatin)'은 다음과 같이 합성되었다(그림 37-2). 먼저 아미노산 배열을 보고, 유전암호표(51쪽, 표 8-1)에서 그 유전자의 뉴클레오티드 배열을 추정한다. 암호표를 보면 알 수 있듯이 특정 코돈(Codon)이 일정한 아미노산을 지정하게 되어 있는 데 비해, 특정 아미노산에 해당하는 코돈은 꼭 한 종류만은 아니다. 그러나 생물의 종류나 세포에 따라 코돈의 선택에는 일정한 특징이 있으므로 그 특징을 간파하면 거의 정확한 뉴클레오티드의 배열을 추정할 수 있다.

다음에는 몇십 개 정도의 뉴클레오티드를 화학적 방법으로 추정한 배열대로 연결하여 그림 37-2에 보인 A사슬을 합성한다. 같은 방법으로 B사슬, C사슬…을 만든다. 이것들은 외사슬이지만 모두를 혼합했을 때는 뉴클레오티드 배열이 대응하여 수소결합이 되므로 겹사슬의 DNA가 만들어진다. 각각의 외사슬 사이의 틈새를 DNA 연결효소(리가제)로 연결하면 겹사슬 DNA가 만들어진다.

A. B. 리그스와 일본의 이따구라(板倉) 실험팀은 1979년에 '인슐린'이라는 폴리펩티드 호르몬의 유전자 DNA를 합성한 후, 이것을 파지 DNA와 연결하여 대장균에 넣어 인슐린 폴리펩티드를 만

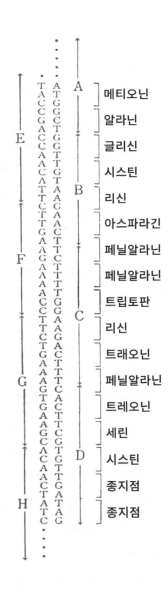

- 메티오닌
- 알라닌
- 글리신
- 시스틴
- 리신
- 아스파라긴
- 페닐알라닌
- 페닐알라닌
- 트립토판
- 리신
- 트래오닌
- 페닐알라닌
- 트레오닌
- 세린
- 시스틴
- 종지점
- 종지점

37-2. 소마토스타틴 유전자 합성

드는 데 성공하였다.

앞 절(36)에서 말한 DNA 재조합법을 사용하여 특정 유전자의 DNA를 대량으로 생산하기 위해서는 아무래도 처음에는 소량이지만 목적하는 DNA 또는 mRNA를 순수한 형태로 세포에서 추출하지 않으면 안 된다. 그러나 유전자의 종류에 따라서는 그것은 꽤나 힘든 일이다. 그렇지만 목적하는 유전자의 단백질이나 효소라면 충분히 얻을 경우가 있다. 그 단백질의 일부 아미노산 배열만 알게 되면, 여기에 소개한 것과 같은 방법으로 목적하는 유전자를 추출할 수 있는 가능성이 있다.

예를 들어 어떤 병의 경우, 특별한 단백질이 혈액 속에 나타나는 경우가 있다. 이 단백질을 정제하여 그 일부분인 몇십 개의 아미노산의 배열을 조사한다. 그것을 알면 소마토스타틴의 유전자를 만든 것과 같은 방법으로 그 주형이 되는 DNA의 염기배열을 추정하여 짧은 DNA를 합성한다. 이 DNA 단편을 아이소토프(isotope)로 표지해 둔다. 환자의 세포에서 유전자 DNA를 전부 끄집어내어 적당한 효소로 한두 개의 유전자를 포함하는 따위의 단편을 만든다. 이것을 표지된 DNA절편과 혼합시키면 표지된 DNA절편은 세포 DNA 속의 특정 유전자와 분자교잡을 일으키므로 표지된 것으로써 그 특정 유전자를 분리할 수 있다. 합성한 작은 DNA절편을 사용해서 진짜 유전자를 추출해 내는 것이다.

합성할 DNA의 뉴클레오티드 배열의 추정이 설사 몇 개가 틀렸다 해도 진짜 유전자와 충분히 분자교잡을 일으키므로 진짜를 추출해 내는 데는 그다지 문제가 되지 않는다.

진짜 유전자를 이같이 하여 추출하면, 그 뒤에 이것을 대장균에 넣어 증식시켜 그 뉴클레오티드 배열을 조사하거나 그 이상을 발견할 수가 있다.

38. 유전자공학의 응용

유전공학의 기술은 1975년부터 급속히 발전하여 생물과 의학 연구에 이용될 뿐만 아니라 여러 산업에도 응용되게 되었다. 어떤 응용법과 이용법이 있나 훑어보기로 하자.

① 생물의 품종 개량

유전공학이 꽃이나 농작물 또는 가축 등의 품종을 개량하는 사람들, 즉 육종가의 꿈을 실현하고 있다는 것은 이미 말한 바 있다. 이제까지는 꽃을 피워 교배시키고, 씨를 뿌려 자라게 하는 원시적 방법으로 몇 년이고 걸려서 목적하는 생물을 얻고는 했다. 그런데 유전공학은 그 작업을 수 주일 안에 해치우는 가능성을 실현하였다. 현재에는 세포융합법이 이 방면에 응용되기 시작했지만 장래에는 DNA 재조합법을 사용하여 보다 자유롭게 유전자를 넣거나 뺄 수 있게 될 것이다.

그와 같은 계획의 예로는 질소고정균의 유전자를 추출하여 밀이나 벼의 염색체에 넣으면 질소비료가 필요 없는 식물을 만드는 아이디어가 있다.

한편, 닭은 마렉병 바이러스 등에 감염되면 대량으로 사망하기 쉬운 가축인데, 이 바이러스의 유전자 일부만을 닭의 염색체에 넣어 바이러스 감염에 저항을 갖는 품종을 만들려는 시도도 이루어지고 있다.

	유전자공학의 응용	구체적 예와 해설
생물의 품종개량	농업용 식물의 개량	
	가축의 개량	
	발효공업용 미생물의 개량	항생물질, 아미노산, 비타민 등을 생산하기 위한 미생물의 개량
	폐기물용 미생물 개량	폐유나 세척제를 처리하는 세균 합성
	백신용 미생물의 개량	백신에 적당한 콜레라균이나 폴리오바이러스 합성
단백질의 대량생산	펩티드 호르몬의 생산	인슐린, 소마토스타틴 성장호르몬 등
	효소 제제의 생산	우로키나제, 혈액응고계 효소, 피브린 분해 효소
	면역학적 치료제의 생산	항체, 보체 성분, 림포카인, 인터페론
	백신 단백질의 생산	여러 종류의 바이러스의 항원 단백질을 만들어 백신으로 한다
의학에의 응용	유전자병(유전병이나 암 등)의 진단	건강인의 특정 유전자를 준비하여 환자의 DNA와 비교함
	유전자병의 치료	환자의 세포에 필요한 유전자를 넣음으로써 치료한다
	감염성 질환, 암 발생에 대한 저항 연구	저항에 필요한 유전자를 보완

표 38-1. 유전자공학의 응용

개량하려는 생물은 동식물만이 아니다. 항생물질 등의 의약품을 생산하는 세균이나 곰팡이의 개량 등은 이미 DNA재조합법으로 이용되기 시작하고 있다. 약품 생산업계에서는 이 방법을 도입하여 보다 좋은 약을 고능률로 생산하기 위한 연구를 하고 있고, 이로 인해 격심한 경쟁이 시작되었다.

질병을 예방하기 위해서는 세균이나 바이러스의 많은 균주 중에서 백신용으로 적합한 균주만을 선택하여 사용하고 있지만, 그 균주를 개량하기 위해서도 유전자공학의 기술이 사용되기 시작했다.

그밖에 폐유나 세제 등의 공장폐수에 포함되는 것을 잡아먹는 세균의 개발 등에도 이러한 방법의 응용이 시도되고 있다.

② 대량생산 DNA의 이용

앞에서 말한 바와 같이 임의의 유전자를 세균이나 박테리오파지의 DNA에 삽입하여 증식시킴으로써 그 유전자의 DNA를 대량으로 생산할 수 있다. DNA의 양적생산은 'DNA의 구조 연구'에서는 빼놓을 수 없는 방법의 하나이다. 어떤 유전자 DNA의 뉴클레오티드 배열을 결정하거나, 구조유전자의 배열 방법을 관찰하기 위하여는 1mg 정도의 순수한 유전자 DNA가 필요하다. 예를 들면 인간의 유전자는 백만 종 정도가 있으므로 어떤 유전자 DNA 1mg을 얻기 위해서는 1kg의 인간의 DNA가 필요하며 그 원료로서 10톤 이상의 세포가 필요하게 된다. 이것에 대해 DNA 재조합법은 그 유전자를 넣는 대장균을 만들어 그 균을 수 리터(ℓ) 정도의 배지 속에서 배양하면, 충분한 유전자 DNA를 얻을 수 있다.

현재는 인간을 포함한 여러 생물의 다양한 유전자의 구조가 조사되고 있다. 이것을 바탕으로 하여 유전자 제어의 복잡한 메커니즘이 해명되기 시작했다. 고등 생물의 유전자의 구조와 그 제어의 메커니즘을 알게 되면, 세포분화의 기구 등 생물학이나 의학의 중요한 과제가 해결될 것이다. 또 기형이나 암의 발생 원인을 알기 위해서도 지금까지 없었던 실마리가 잡힐 것으로 예상된다.

DNA의 대량생산법은 유전병 진단에도 이용된다. 건강인의 유전자 DNA를 준비하여, 태어나기 전의 아기(태아)의 세포(태아에서 떨어져 양수 속에 떠있는 극히 미량의 것으로도 족하다)에서 추출한 DNA와 분자교잡을 시키면, 이상의 유무를 판정할 수 있다. 이 방법으로 헤모글로빈 이상증의 진단이 시도되고 있다.

③ 유전질환의 치료

유전병은 DNA의 암호문 배열에 이상이 있어 발생하는 병이다. 그러므로 이상한 부분을 제거하고 건강한 사람의 DNA를 그곳에 삽입하면 치료될 수 있을 것이다. 이 방법은 '유전자 외과'라고도 하며, 지금까지는 전혀 치료 방법이 없었던 유전병에 한 줄기 서광을 던져 주게 되었다. 그러나 동물실험의 단계에서는 어느 정도 전망이 가능하게 되었지만 인체에의 응용에는 아직도 기술적으로 많은 애로가 남겨져 있다. 또 인체에의 응용에 대해서는 사회적인 문제까지 겹쳐 빠른 시일 내에는 실시할 수가 없을 것으로 보인다.

④ 단백질이나 펩티드의 대량생산

산업에서 가장 기대되는 용례이다. 호르몬이나 효소제 등의 의약품은 폴리펩티드 또는 단백질이기 때문에 인간의 손으로 합성하기에는 극히 어려움이 있다. 그래서 현재는 사람의 오줌이나 동물의 조직에 포함되어 있는 것을 복잡한 방법으로 추출하여 정제한 것이 의료에 사용되고 있다. 인터페론은 바이러스병을 치료하고 암을 억제하는 단백질이지만 추출, 정제가 어려워 실제의 의료용에는 사용되지 않고 있었다.

그런데 이들 단백질이나 펩티드는 바야흐로 DNA의 재조합으로 세균 등을 이용하여 대량으로 만들 수 있다는 것이 실험적으로 증명되어 지금은 공업생산화가 시작되고 있다.

ACTH나 γ-LPH, β-엔돌핀 등의 '뇌하수체 호르몬'은 아미노산이 13개 내지 60개 정도가 연결된 짧은 폴리펩티드인데, 이들의 주형이 되는 유전자는 500개의 뉴클레오티드를 연결한 정도의 길이를 갖는 DNA사슬 위에 서로 인접하여 배열해 있다. 이 DNA를 취하여 플라스미드DNA에 연결하면 대장균 속에서 충분히 증식시킬 수 있으며, 대장균 속에서 이들 호르몬을 만들게 할 수도 있다. 현재는 재빠른 공업화를 위해 여러 회사들이 서둘러 경쟁하고 있다.

'우로키나제', '인터페론' 등의 공업적 생산도 실용화 단계에 들어가 있다고 한다. 그 밖의 여러 가지 귀중한 효소 생산에도 큰 힘을 발휘하게 될 것이다.

장래에는 질이 좋은 식품 단백질, 예컨대 콩 단백질이나 소의 근육단백질 등의 생산도 그들 단백질의 유전자를 미생물에 넣어 대량 생산하는 방법이 계획되고 있다.

39. 인공적 유전자 조작의 위험성

인공교배를 비롯하여 발생공학, 세포공학 그리고 인공적인 DNA의 재조합 기술과 유전자를 마음대로 바꾸는 기술은 수십 년 사이에 자꾸만 진보했다. 특히 1970년 이후에 시작된 유전자공학에 의한 기술 혁신은 두드러진 것이었다.

그렇지만 일찍이 '인류가 사용한 적 없는 기술을 생물에게 안이하게 응용한다는 것은 과연 옳은 일일까'라는 의문이 일며 유전자 조작 기술이 가져올 위험성이 검토되었다. 그 결과 몇 가지 위험성이 떠올랐다. 1975년에 미국을 비롯한 몇몇 나라에서 이러한 문제가 논의되어, 인공적 유전자 조작의 연구와 그 이용은 안전성을 확인해 가면서 진행하게 되었고, 따라서 실험의 안전기준이 설정되었다. 어떤 과학 연구의 예상되는 진전에 앞서 안전기준이 설정되었다는 것은 이것이 첫 예가 될 것이다. 일본에서도 1979년에 'DNA의 재조합 실험을 하기 위한 안전기준'이 제시되어, 대학과 연구기관은 이에 따라 실험을 하게 되었다.

예상되는 위험성은 크게 다음 세 가지로 나눌 수 있다.

① 감염의 위험성

인공적으로 DNA의 재조합 실험을 할 경우, 우연히 강한 독소를 만드는 균이라든가 발암성을 지니는 바이러스를 만들게 되지 않을까 하는 등의 걱정이 한 예이다. 그리고 그 미생물이 실험자에게 감염되거나 실험실 밖으로 뛰어나와 차례차례로 널리, 많은 인간에게 감염되지는 않을까?

그의 대책으로서 현재는 조금이라도 위험성이 있다고 생각되는 유전자(예를 들어, 원숭이나 인간 이외의 척추동물의 DNA)를 증식시킬 경우에는 실험실의 시험관 안에서만 살 수 있는 약한 균만을 배양하도록 결정되었다. 이러한 균이 증식하기 위하여는 특별한 영양분 5~10종류를 주지 않으면 안 되므로 설사 우리가 그 균을 밟더라도 그 균은 결코 체내에서 증식할 수 없다. 또 공기 등이 그대로 밖으로 배출되지 않을 만한 안전 캐비닛 속에서 이러한 조작을 행하도록 되어 있다.

영장류의 DNA를 재조합할 때는 좀 더 엄중히 관리된 실험실 속에서 특별한 도구를 사용하게끔 되어 있다.

이런 실험을 대학에서 시작할 경우에는 미리 실험 계획서를 문교부에 제출하고, 실험실의 설비가 완벽하고 실험자는 미생물의 취급 경험이 있으며, 유전자 조작의 자격이 있다고 인정되지 않으면 실험을 결코 시작할 수가 없다.

② 생태계의 파괴

DNA의 재조합 실험을 하면서 우연히도 특수한 생물이 생겨 실험실 밖으로 나가든가, 그 생물에 대한 아무 준비도 없이 실험실 밖에서 실험했기 때문에 그 생물로 말미암아 생태계의 균형이 파괴되는 등의 위험성이다.

세척제와 공장폐수의 처리는 어디서나 큰 문제가 되고 있다. 일본에서도 1960년경부터 세척제와 석유를 잡아먹는 세균을 토양에서 분리, 증식시켜 그것들을 처리하려는 계획이 세워져 어느 정도 성공을 거두어 왔다. 더욱이 강력한 폐수처리균을 유전자 재조합 방법으로 인공적으로 만들어 사용하는 것도 생각할 수 있다. 그러나 그와 같은 균을 흩뿌려 놓으면 토양이나 물속에 서식하고 있던 자연균의 균형을 깨뜨리게 되어 생태계를 변화시켜 버릴 수도 있으므로, 실시 전 신중한 시험이 필요할 것이다.

③ 사회문제

여기에는 여러 가지가 포함되지만

(a) 첫째로 이 기술이 악용될 위험성이 있다. 범죄나 전쟁의 목적으로 병원성이 강한 균을 만들어 인간 사회에 뿌려 놓는 일이 있다면 그것은 정말로 위험한 일이다. 의학 연구실에서 사용하는 보통의 병원균(이것에는 실제로 대단히 위험한 것들이 있다)과 마찬가지로 DNA의 재조합 실험용의 균도 엄중히 보관하여 관계자 이외의 사람에게는 건네지지 않게 관리하도록 안전 규칙이 규정되어 있다.

'별난 일을 하여 세상을 깜짝 놀라게 하자'라는 명예욕이나 '공업 생산용에 적절한 생물을 만들어 한몫해 보자'는 등의 사업욕이 과열하여 터무니없는 생물을 만들어 ①, ②에서 든 것과 같은 위험성을 가져올지도 모른다. 연구실이나 학회의 감시가 엄중하므로 현재는 주제넘은 실험 등은 일체 제지되고 있다. 그러나 완벽을 기하기 위해서는 사회적인 감시체제가 필요할 것이다.

(b) 사과나 멜론의 씨앗에 방사선을 쏘여 변이를 일으켜 병에

강한 과수나무를 만들거나 키메라 식물(접목 등)이나 클론 식물을 만드는 일은 수십 년 전부터 사람이 해 온 일이며, 자연에 의해서도 거의 같은 일이 수행되는 적도 있을 것이다. 여기까지는 좋다고 하더라도 키메라 동물이나 클론 동물의 생산 등은 과연 인간에게 허용될 일일지 의문을 품는 사람도 많다. DNA의 재조합 기술에 의해 인공적인 생물을 만드는 건 자연적인 신종 출현의 범위를 벗어난다. 고로 '인간의 힘이 미치는 영향이 너무나도 크게 작용하게 되는 것이 아닌가'하는 걱정이 여러 곳에서 대두되고 있다. 이것은 현대의 철학이나 종교와도 깊은 관련이 있는 사회윤리상의 문제이다.

10

고등생물의 유전자

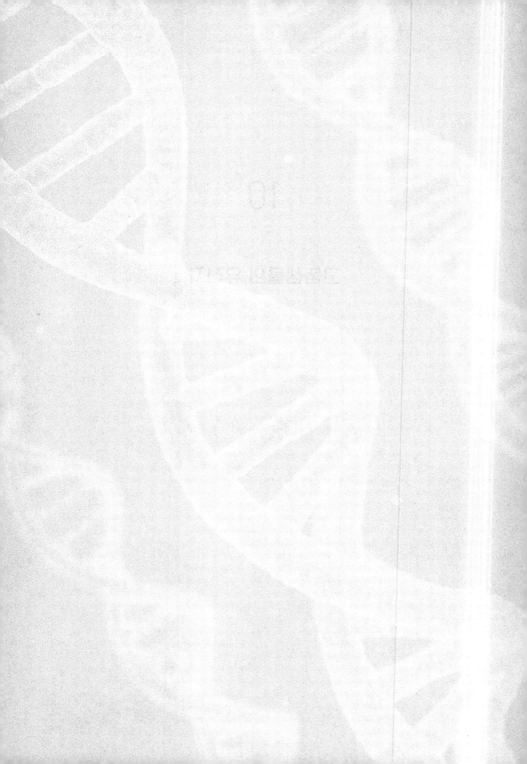

40. 반복하여 배열하는 유전자

세포에는 여러 가지 단백질이 있지만, 한 종류의 단백질 설계도는 세포 한 개당 하나(정확하게는 부 또는 모에서 유래하는 염색체의 세트당 한 개)만 있으면 충분할 것이다.

어떤 단백질을 다량으로 만들기 위해서는 주형인 DNA로부터 복제가 될 mRNA를 많이 만들어, 이것을 설계도로 하여 단백질을 만들면 된다. 실제로 멘델 유전학의 데이터도 일반적으로 특정 유전자는 염색체 세트 위에 한 개만 존재하고 있다는 것을 가리키고 있었다. 또 최근에는 유전자 공학의 기술이 발달하여 여러 가지 효

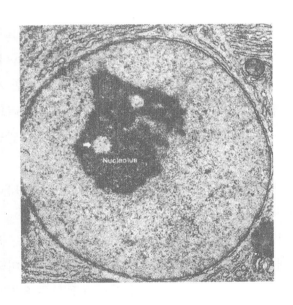

40-1. 핵소체(화살표)

소 단백질의 구조유전자가 DNA 위에 어떻게 배열되어 있는가를 조사할 수 있게 되었는데 그 결과로부터도 보통의 단백질 합성 유전자는 각각 한 개씩이라는 것이 판명되었다.

그런데 분자생물학적인 방법으로 행해진 조사에 의해 의외로 어떤 종류의 단백질 설계도에 해당하는 암호문은 한 개의 DNA 사슬 위에 몇 번이고 반복하여 배열되어 있다는 사실을 알게 되었다. 그것은 히스톤(37쪽 참조)이나 리보솜RNA 등의 유전자이다. 히스톤은 DNA사슬에 부착하여 코일구조를 하고 있는 수 종류의 단백질이다. 또 리보솜RNA는 단백질 합성기인 리보솜의 구성 성분이다. 그것은 단백질 설계도의 복제는 아니지만 mRNA와 꼭 같이 DNA를 주형으로 하여 합성된다.

이것들의 공통점은 어느 세포에서도 다량으로 필요로 한다는 점이다. 히스톤 단백질이나 리보솜RNA 등 세포 내 활동에 많이 필요로 하는 것을 만들기 위해서 필요한 RNA 복사량을 한 개의 유전자로부터 찍어내기에는 너무 많은 시간이 걸린다. 그러므로 주형인 설계도를 많이 준비하여 각각으로부터 RNA복사를 만들 필요가 있다.

리보솜RNA에는 대·중·소의 세 종류가 있어 각각 4,500, 1,900 및 1,200개의 뉴클레오티드로 이루어져 있다.

세포핵을 현미경으로 관찰하면 핵소체(核小體)라는 작은 입자가 한 개 내지 수 개가 보인다(그림 40-1). 1967년경, 미국의 스피겔먼(Sol Spiegelman, 1914~1983)과 그의 동료들은 유전적으로 핵소체가 적은 파리 세포에서는 리보솜도 적다는 결과로부터 핵소체

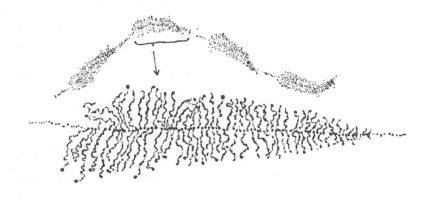

40-2. DNA를 주형으로 하여 리보솜RNA가 만들어지고 있다.

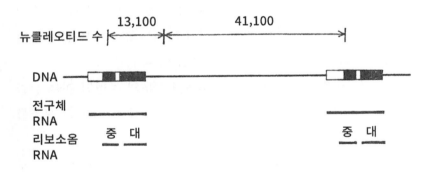

40-3. 리보솜의 유전자. 13,000개의 뉴클레오티드 쌍으로 이루어진 DNA가 주형이 되어, 리보솜 RNA의 전구체(전구체 RNA)가 만들어진다. 그 일부분이 제거되어 중형, 대형의 리보솜 RNA로 된다. 이같은 유전자가 41,000개의 뉴클레오티드 간격을 두고 1,000회 정도 반복되어 있다.

는 리보솜 RNA를 왕성하게 합성하고 있는 DNA 부분일 것이라고 추정했다. 그리고 푸린스치르 등은 1968년에 핵소체 부분을 분리하여 그것에서 DNA를 추출하여 따로 준비한 리보솜 RNA를 그곳에 집어넣어 분자교잡을 시켰다. 그 결과 핵소체의 DNA는 대형과 중형의 리보솜RNA의 주형이 되는 유전자가 많이 배열되어 있다는 것이 명확해졌다.

그림 40-2는 핵소체 DNA를 확대하여 전자현미경으로 찍은 사진이다. 새털이 몇 개나 배열한 것처럼 보이지만, 그중에서 중심이 되는 한 개의 선이 DNA이고, 거기에 배열되어 있는 리보솜 유전자를 주형으로 하여 RNA가 몇 개나 중복하여 합성되고 있는 모습이다. 왼쪽에서는 막 합성이 시작되는 곳이어서 새털 같은 실은 아직 짧지만 오른쪽으로 갈수록 합성이 계속 진행되어 긴 RNA사슬이 실처럼 나타난다. 이같이 하여 합성된 RNA는 DNA에서 떨어져 나가 둘로 잘라져서 대형과 중형의 리보솜 RNA가 된다.

유전공학의 방법을 이용하여 리보솜RNA의 주형인 DNA 뉴클레오티드 배열의 전모가 밝혀지게 되었다. 그림 40-3에 그 구조를 보였다.

유전자와 유전자 사이에는 RNA의 주형으로 사용되지 않는 부분이 있어 '스페이서'라고 한다. 여기에도 DNA의 뉴클레오티드가 배열되고 무언가 암호문이 쓰여 있는데, 이는 각각의 스페이서마다 다소 차이가 있다. 그러나 그것이 어떤 작용을 하는가는 아직 모른다.

이와 같은 구조의 리보솜 유전자의 수는 동물에 따라 다르지

만 1,000개 전후이다. 인간은 1,200개가 하나의 염색체로 뭉쳐서
배열하고 있다.

리보솜의 소형 RNA의 주형이 되는 유전자는 전혀 다른 염
색체의 DNA에 있는데, 이 유전자도 대형 RNA의 유전자와 마찬
가지로 6,000 뉴클레오티드 정도의 스페이서로 격리되어 있으며
10,000번쯤 반복하여 배열되어 있다.

히스톤은 크로마틴의 중요한 단백질로서 H1, H2a, H2b, H3,
H4, H5의 6종류가 있다. 세포 주기의 어느 시기에 히스톤의 mRNA
는 비교적 대량으로 만들어지므로 그것을 정제할 수가 있다. 이
mRNA를 사용하여 유전자 공학적인 방법으로 히스톤 유전자가 추
출되었고, 그 구조가 자세히 연구되었다. 그 결과 H1에서 H4까지
의 히스톤 유전자는 그림 40-4와 같이 한 개의 세트로 배열되어 있
다는 것이 밝혀졌다. 또 이 세트는 1,000~2,000번쯤 일렬로 중복

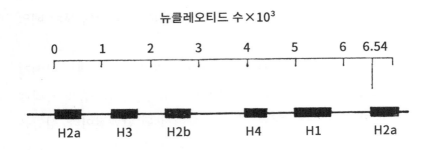

40-4. 성게의 히스톤 유전자. 뉴클레오티드 6,540개의 길이 간격에
5종류의 히스톤의 주형이 배열되어 있고, 이와 같은 배열이 1,000회
이상이나 반복하여 있다.

되어 배열되어 있다. 세트와 세트 사이에는 수백 뉴클레오티드의 스페이서가 있다는 것이 성게의 히스톤 유전자 연구에서 알려졌고, 또 각종 동물에서도 거의 비슷한 배열을 하고 있다는 것이 판명되었다.

41. 비슷한 것끼리는 나란히 배열한다

긴 세월 동안 모은 명함이나 카드 등을 보관할 때는 비슷한 것끼리 정리하는 편이 사용에 편리하다.

세포는 환경의 변화에 따라서나 세포의 분화에 따라 필요한 단백질의 주형이 될 유전자를 골라 복사를 뜨고, 그 단백질의 합성을 위해 사용한다. 그러므로 비슷한 단백질의 설계도는 한곳에 모아두는 편이 편리할 것이다. 유사한 단백질이나 협동하여 한 가지 작용을 하는 따위의 단백질의 유전자는 DNA 사슬 위에 뭉쳐 배열된 것이 많다.

우리의 적혈구에 포함되어 혈액의 붉은색을 나타내는 단백질인 헤모글로빈은 붉은 색소인 햄 외에도 α사슬과 β사슬의 폴리펩티드가 각각 두 개씩, 합쳐 네 개가 모여서 된 단백질이다. 성인은 이와 같지만 태어나기 전의 태아에서는 α사슬 대신 ζ(세타)사슬이 또 β 대신 γ(감마), δ(델타), ϵ(엡실론)이라는 아주 비슷하나 약간 다른 폴리펩티드 사슬로 이루어진 헤모글로빈이 존재하고 있다. 이들 펩티드의 유전자는 그림 41-1과 같이 두 종류의 염색체 위에 각각 일렬로 배열하여 있다는 것이 최근의 2년 사이에 판명되었다.

모친의 뱃속에서 태아가 점점 커지는 과정에서 γ, δ, ε의 폴리펩티드 사슬이 각각 차례차례로 사용되어 헤모글로빈이 합성되고, 이윽고 태어나서 폐호흡이 필요하게 될 무렵이 되면, 사슬로 이루어진 헤모글로빈이 합성된다. 왜 이와 같이 헤모글로빈을 바꾸는지는 확실하지 않다.

이 밖에 항체단백질용의 여러 폴리펩티드 유전자, 각종 인터페론 유전자, 세포 표면단백질의 유전자 등 많은 예에서 유사 유전자가 DNA 사슬의 한곳에 나란히 배열하고 있다는 것이 발견되었다.

원래 이와 같은 유사 유전자는 원시적인 생물에서는 하나였던 것이, 세포분열을 반복하는 동안에 DNA 복제의 착오로 말미암아 두 개 또는 세 개의 겹치기로 만들어지고 증가된 유전자의 일부는

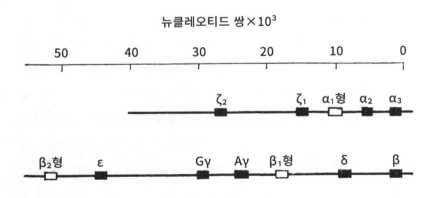

41-1. 헤모글로빈 유전자군

오랫동안의 변이로 말미암아 약간씩 다른 염기배열을 갖게 되었다고 생각되고 있다. 이와 같이 몇 개의 유사 유전자를 가짐으로써, 그 생물의 기능의 다양성을 증가시킨, 즉, 진화가 일어난 것이라고도 설명되고 있다.

나중에 다시 설명하겠지만, 세포가 분화할 때는 각종 유전자를 순차적으로 발현시키거나 제어하거나 하고 있는데, 이때에도 유사 유전자가 한곳에 모여 배열해 있는 편이 편리할 것이다.

42. 분단된 암호문

우리가 가지고 있는 유전자 중 대다수는 신기하게도 암호문이 몇 개로 분단되어 있다는 사실이 알려졌다.

예를 들어 '헤모글로빈 유전자'에서는 불분명한 문장이 군데군데 삽입되어 있다.

DNA재조합 방법으로 헤모글로빈사슬의 유전자 DNA를 대장균 속에서 증식시켜 그 뉴클레오티드 배열을 조사했더니, 이 유전자는 그림 42-1과 같은 배열을 하고 있다고 판명되었다. α사슬 폴리펩티드의 설계도는 DNA 위에 연속적으로 쓰여 있는 것이 아니라 중간에 두 곳의 틈이 있기 때문에 셋으로 분리되어 있었다. 분자생물학자들이 세균의 DNA에 대하여 조사한 한도에서는 한 개의 폴리펩티드의 설계도는 결코 분단되는 일이 없이 일련의 암호문으로 쓰여져 있었는데, 인간이나 토끼 등의 헤모글로빈 유전자의 구조가 이와 같이 분단되어 있다는 것이 밝혀졌던 건 큰 충격을 불러일으켰다.

이와 같은 유전자 DNA 중에서 폴리펩티드의 설계도가 되는 암호 부분을 '구조 배열(또는 엑손)', 설계도의 중간에 끼어들어 설계도의 역할을 하지 않는 부분을 '개재배열(또는 인트론)'이라고 한다.

β사슬의 유전자는 약 100뉴클레오티드의 작은 개재배열과 약 800뉴클레오티드의 큰 개재배열에 의해 세 부분으로 나누어져 있다. γ사슬, δ사슬, ε사슬의 유전자에서도 β사슬의 경우에서의 것과 거의 같은 길이와 구조를 가지는 개재배열을 볼 수 있지만, 설계도의 부분은 각각 뉴클레오티드가 조금씩 치환하고 있어 그 때문에

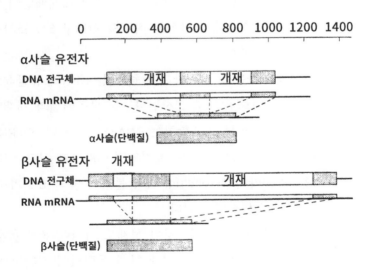

42-1. 헤모글로빈 α사슬 및 β사슬의 유전자

이것을 설계도로 하여 만들어지는 각각의 사슬의 아미노산 배열도 약간씩 다르게 되어 있다.

　같은 시기에 미국의 레디(V. B. Reddy) 등에 의해 닭의 '난백알부민 유전자'의 구조가 제시되고, 또 일본의 도네가와(利根川進) 등에 의해서 '항체 유전자'의 구조가 밝혀졌다. 그 어느 것도 몇 부분으로 분단되어 있고 난백알부민 유전자의 경우에는 무려 14군데로 나누어져 있다는 것이 판명되었다. 현재는 고등동물의 여러 유전자가 일반적으로 이와 같은 개재배열에 의해 몇 부분으로 나누어져 있다고 알려져 있다. 히스톤의 유전자는 예외적으로 개재배열이 없는 유전자이다.

　이와 같은 유전자를 주형으로 하여 만들어진 mRNA는 개재배열이 없다. 그렇다면 유전자 전사의 어느 단계에서 개재배열이 없어지는 것일까? 이는 핵 속에서 합성된 직후의 RNA구조를 조사함으로써 다음과 같이 밝혀졌다.

　개재배열을 포함하는 유전자가 전사될 때는 DNA의 뉴클레오티드 배열이 있는 그대로 RNA로 전사된다. 즉, 구조배열과 개재배열에 해당하는 암호문을 모두 포함하는 RNA가 합성된다. 이 RNA로부터 개재배열에 해당하는 부분이 제거되면 mRNA가 된다. 이러한 제거 과정은 '스플라이싱(splicing)'이라 불리며 몇몇 효소가 그것에 종사하고 있다고 생각되고 있다.

　왜 이와 같은 개재배열이라는 것이 설계도 사이에 존재할까? mRNA의 바탕이 되는 큰 RNA는 어떻게 하여 틀림없이 정확한 위치에서 잘려져서 개재배열에 해당하는 부분만을 제거시키며, 어떻게 하여 정확한 mRNA를 만드는지 모르고 있다. 여러 가지 유전자의 개재배열을 비교해 보아도 거기에 쓰인 암호문에서는 공통점을 거의 찾을 수 없다. 더욱이 인간과 토끼와 같이 서로 다른 종의 생물끼리도 β사슬의 설계도의 길이와 개재배열의 길이는 거의 같다. 그러나 개재배열의 암호문은 동물의 종이 다르면 상당히 다르게 되어 있는 것으로 나타난다.

세균과는 달리 고등동물의 유전자 제어 메커니즘은 엄청나게 복잡할 것이다. 유전자 제어를 하는 물질이 여러 형태로 결합하는 장소로서 유전자의 종류나 동물의 종에 따른 특유한 개재배열이 마련되어 있을지도 모른다. 고등생물의 유전자 제어를 해명하기 위한 열쇠가 개재배열 암호문 속에 숨겨져 있을지도 모르는 일이다.

11

항체의 유전자

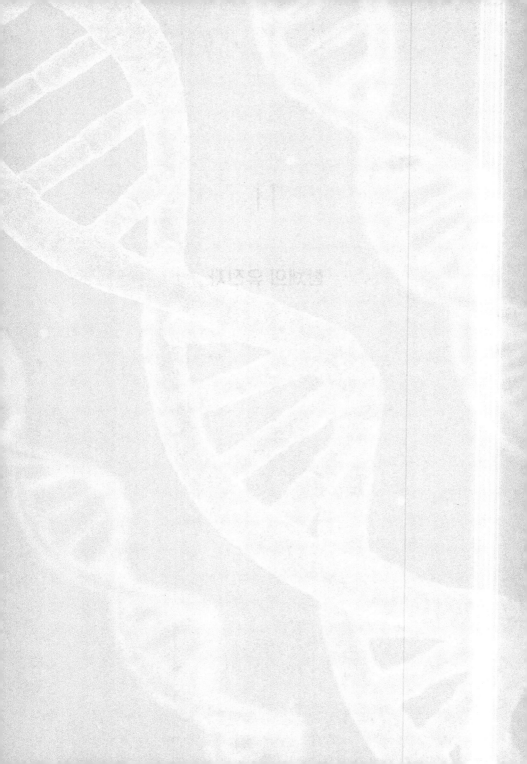

43. 열쇠와 열쇠구멍

당신은 몇 개의 열쇠를 갖고 있는가? 집 열쇠, 자동차 열쇠, 장롱 열쇠 등. 나는 이제는 쓰지 않는 상자 열쇠까지 포함하여 다섯 개의 열쇠만 갖고 있다.

우리와 비교하여 구미인(歐美人)은 많은 열쇠를 지니며 소중히 다루고 있는 듯싶다. 개인주의의 산물일 수도 있고, 어쩌면 우리의 인감도장에 해당하는 것일지도 모른다. 구미에서는 중요한 곳의 열쇠는 힘의 상징이며, 이를 보관하는 건 그 장소를 책임지고 있음을 의미한다고 한다. 수십 년 전, 파스퇴르연구소에서 강연한 뒤 안내를 통해 파스퇴르의 묘에 참례한 적이 있다. 무덤 출입문에서 커다란 열쇠를 든 늙은 신부가 그 곳을 안내해 준 것은 무척 인상적이었다.

사실은 당신도 몇 만 종류의 열쇠를 가지고 있다면 어떻겠는가. 바로 '항체'라고 하는 작은 단백질의 열쇠이다. 항체는 나날이 찾아오는 침입자로부터 당신을 지켜주고 있다. 작기는 하나 수가 많은 열쇠라고 보면 된다. 여기서는 그 열쇠의 형태를 설명하고 다음 장에서 그 열쇠를 만들기 위한 암호문을 설명하고자 한다.

어릴 적 우리는 여러 가지 예방주사를 맞은 경험이 있다. 디프테리아(diphtheria), 백일해, 홍역, 풍진, 인플루엔자, 천연두 등의 백신이 그것이다. 어떤 미생물, 예를 들어 디프테리아의 백신주사로 면역이 생길 때는 우리 몸 속에 그 미생물에게만 대응할 만한 항체가 형성된다. 이 항체는 다른 미생물에는 작용하지 않는다. 많은 종류의 미생물의 예방주사를 각기 따로 맞아야만 하는 이유다.

디프테리아를 예방하기 위해서는 디프테리아균이 생산하는 독소 단백질을 모아 포르말린 등을 더한 뒤 독성을 제거한 것을 예방주사로 사용한다. 무독화독소가 몸에 들어오면 그것은 항원으로서 작용하여 몸의 항체 생산을 촉진하기 때문에 우리 몸은 그 독소에 대한 항체를 대량으로 만들어 낸다. 나중에 다시 이야기하겠지만, 이 항체단백질에는 디프테리아의 독소단백질의 구조와 맞물릴수 있는 형태의 홈이 있어 디프테리아의 독소와 결합하여 독소의 작용을 멈추게 한다. 디프테리아균에 감염되어도 미리 예방주사를 맞아 두었다면 이와 같은 항체가 균의 독소를 중화하기 때문에 세포가 파괴되지 않게 된다. 그러는 동안에 디프테리아균체에 대한 항체가 만들어져 균은 죽고 감염이 방지된다.

인플루엔자 예방 백신으로는 약품으로 죽인 인플루엔자 바이러스가 사용된다. 이걸 주사하면 몸 속에 인플루엔자 항원에 대한 항체가 많이 만들어진다. 이 항체가 몸 속에 충분히 준비되어 있으면 인플루엔자 바이러스가 감염하더라도 항체가 바이러스와 결합하여 바이러스의 활동을 억제해 버리기 때문에 인플루엔자에는 걸리지 않게 된다.

항체는 단백질로 구성되어 있으며 그 기본형태는 그림 43-1에서와 같이 Y자형이다. Y자형의 두 개의 선단에는 항원과 결합하는 홈이 있다. 이것을 항체의 '항원 결합 부위'라고 한다. 홈의 형태는 항체의 종류에 따라 다르다. 항(抗) 디프테리아 독소항체의 홈은 디프테리아 독소단백질의 표면 구조와 맞물리게 되어 있는데 인플루엔자 바이러스와는 결코 맞물리지 않는 구조로 되어 있다. 한편 항인플루엔자 항체도 인플루엔자 형태와 맞물리는 형태를 하고 있어, 그 바이러스와는 결합하지만 디프테리아 독소와는 결합하지 않는다. 이와 같이 항체는 특정 항원에만 결합하는 성질이 있어, 이 성질을 항체의 '결합 특이성' 또는 간단히 '특이성'이라 한다.

제1장에서 설명한 바와 같이 단백질은 몇 개의 아미노산이 연결된 사슬, 즉 폴리펩티드사슬이며, 이 폴리펩티드가 구불구불 꼬이고 뭉쳐져서 한 개의 덩어리를 형성함으로써 단백질 분자의 입체구조가 형성된다. 폴리펩티드의 꼬이는 방식은 그것을 구성하고 있는 아미노산의 배열순서에 따라 결정된다. 따라서 항체의 홈의 형태도 홈의 형태를 만들고 있는 폴리펩티드사슬의 아미노산 배열에 따라 결정될 것이 틀림없다. 실제로 그것은 사실로 밝혀졌다.

영국의 폴랴크(Roberto J. Poljak, 1932~2019) 등은 항체에 X선 회절을 실시하여 2Å의 해상력(解像力)으로 항체 분자의 구조를 밝혔다. 그것에 의하면 항체의 홈의 부분은 항원의 형태와 꼭 들어맞게 구부러진 폴리펩티드사슬에 의하여 형태가 만들어지고, 그 사슬을 구성하고 있는 아미노산이 사슬의 곡률을 결정하고 있었다.

그림 43-1에 보인 Y자형의 항체분자는 네 개의 폴리펩티드로 구성되어 있다. 그중 두 개는 215개 전후의 아미노산이 배열된 사슬로 'L 사슬'(가볍다는 의미의 단어인 Light의 첫 문자)이라고 불리고 있다. 나머지 두 개는 L사슬보다 약 2배 정도의 길이를 가진 사슬로 'H사슬'(무겁다는 의미의 단어인 Heavy의 첫 문자)이라

한다.

항체가 항원에 결합하기 위한 홈의 입체구조는 그림 43-1b에서처럼 L사슬의 절반과 H사슬의 1/4에 해당하는 부분에 의해 형성되어 있다. 홈의 형태가 다른 항체에서는 당연히 이 부분의 아미노산 배열이 다르다. 다른 순서로 아미노산이 배열되는 부분이기 때문에 폴리펩티드의 이 부분은 '변이부 (variable region)'라 불린다. 항체의 홈 이외의 부분의 입체구조는 어느 항체에서도 같다(실은 나중에 말하겠지만, 이 부분 역시 몇 가지 종류가 있으며 그 형태에

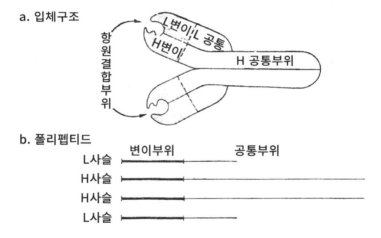

43-1. 항체단백질의 기본 구조. 항체단백질은 2개의 짧은 L사슬과 2개의 긴 H사슬 폴리펩티드로 된 Y자형 분자이고, 항원에 결합하기 위한 홈이 있는 변이 부위(아미노산 배열이 항체에 따라 다르다)가 있고, 그 밖의 부분은 공통 부위(아미노산 배열이 일정)로 이루어진다.

따라 IgM, IgG , IgA 등으로 분류된다. 같은 종류의 항체라면 이 부분의 입체 구조도 같다).

이 부분(변이부 이외의 부분)을 형성하고 있는 폴리펩티드의 아미노산 배열은 어느 항체에서도 같으므로 '공통 부위(constant region)'라고 한다.

이상을 간단히 정리하자면,

① 항체의 형태를 열쇠라고 하면, 그의 항원에 결합하는 경우, 항원에 있는 열쇠구멍과 맞물리는 홈이 Y자형의 항체 분자에 두 군데 존재하여, 이 홈이 항원과 결합한다.

② 이 Y자형 분자는 네 개의 폴리펩티드(L사슬＋H사슬)×2로 구성되어 있으며 각 사슬은 다시 다음과 같이 나눌 수 있다.

　　　L사슬＝L사슬의 변이 부위＋L사슬의 공통 부위
　　　H사슬＝H사슬의 변이 부위＋H사슬의 공통 부위

변이 부위의 아미노산 배열은 항체에 따라 다르지만, 공통 부위는 일정하다.

③ L사슬과 H사슬의 변이 부위가 합쳐져서 항원과 결합하기 위한 홈을 만들고 있다.

44. 연가식의 암호문

일본에는 옛날부터 내려오는 연가(連歌)라는 형식의 가사(歌辭)가 있다. 이것은 몇 사람이 노래의 긴 구절 짧은 구절을 번갈아 읊어가며 일련의 긴 가사를 만들어 나가는 것이다.

이런 연가와는 조금 다르지만, 항체의 다양성은 각각의 유전자가 읊조리는 몇 개의 암호문 조합에 의해 이루어졌다는 것이 최근 연구에 의해 밝혀졌다.

우리는 여러 가지 세균과 바이러스에 대해 항체를 만들 수가 있다. 우리는 또한 미생물뿐만 아니라 계란, 우유 또는 동물이나 생선의 단백질과 다당류 등, 실로 여러 가지의 것을 자기 체내물질과는 다른 것, 즉 항원으로 인식하여 그것들이 체내에 침입하면 그것에 대한 항체를 만든다. 지금까지 자연계에는 없었던 것, 예를 들어 새로 합성된 약품이나 플라스틱 등에 대해서까지 인간이나 동물이 항체를 만든다는 것도 알려져 있다. 사람을 비롯한 포유동물은 적어도 100만 종류의 항원에 대하여 그것에 대응하는 항체를 만들리라고 상상된다.

동물은 100만 종류나 되는 열쇠의 홈을 항체 단백질로써 마련하지 않으면 안 된다고 한다면 그들 항체의 유전자도 100만 종류가 있어야 하고 각각 다른 암호문으로서 DNA 위에 배열되어 있어야 할 것이다. 그것은 실제의 우리의 DNA의 100% 이상을 차지하는 것이므로 그런 일은 있을 수가 없다.

유전학자들은 동물의 교배실험을 통하여 이것을 확인하기 시작했다. 먼저 알게 된 것은 L사슬을 지배하는 유전자는 어느 염색체에, H사슬의 유전자는 다른 또 하나의 염색체에 실려 있다는 것이었다. 그림 43-1과 같이 항원 결합용 홈은 L사슬과 H사슬의 협력으로 만들어져 있으므로, L사슬과 H사슬이 각각 1,000 종류가 있다면 그것들이 조합하여

1,000종의 L사슬×1,000종의 H사슬 = 1,000,000종의 항체

를 만드는 것이 가능하다. 그래서 어느 염색체에는 1,000종류의 L사슬 유전자군이, 또 다른 한 개의 염색체에는 1,000종류의 H사슬 유전자군이 배열되어 있는 것이 된다.

예를 들어 L사슬용 염색체에는 그림 44-1a와 같이 L사슬의 변이 부위의 암호문, L사슬의 공통 부위의 암호문이 한 벌로 되어 반복하여 쓰여 있고, 그중 변이 부위의 암호문만이 1,000종류의 변화를 보이고 있는 것이 된다. H사슬용의 염색체에서도 마찬가지 방식으로 그러나 다른 암호문이 배열되어 있을 것이다.

이와 같이 생각하면 100만 종류의 항체를 만들기 위한 설계도는 그렇게 많은 자리를 차지하지 않아도 된다. 이것으로 다양한 항체를 위한 유전자 배열의 수수께끼는 풀린 듯이 보였다.

그런데 유전학자들은 그림 44-1a의 배열방식에 의문을 품게 되었다. 그것은 다음과 같은 사실로부터 생긴 의문이었다.

① L사슬과 H사슬의 공통 부위의 유전자배열을 목표로 하여 쥐로

정밀한 교배실험을 하여 유전자 지도를 만들어 보면, H사슬의 공통 부위 유전자는 좁은 장소에 꽉 끼어 있어, 도저히 1,000개의 유전자가 거기에 배열되어 있으리라고는 생각할 수 없다. L사슬 유전자도 마찬가지로 지극히 좁은 범위에 존재하고 있다.

② L사슬 또는 H사슬의 유전자가 만일 그림 44-1a와 같이 배열해 있다면 공통 부위의 암호문도 1,000번쯤 반복하여 배열해 있을 것이다. 그렇게 많은 반복이 있으면 긴 세월 동안에 일어날 변이에 의해 많은 종류가 나오게 될 텐데 실제로는 공통 부위의 종류는 조금이다(예를 들어 H사슬 공통 부위의 종류는 기껏해야 IgM, IgG, IgA 등의 몇 종류밖에 없다).

a. 고전설

b. 벤네트 등의 가설

L사슬 유전자

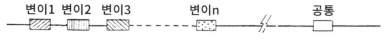

H사슬 유전자

44-1. 항체 유전자 배열의 가설

이와 같은 유전학자들의 연구결과를 정리하여 벤네트(John Cook Bennett, 1804~1867)와 에델만(Gerald Edelman, 1929~2014)은 1971년경 "항체 유전자는 그림 44-1b에 보인 것처럼 많은 종류의 변이 부위 유전자와 한 개 또는 몇 개의 공통 부위 유전자로 나뉘어 나란히 배열해 있는 것이 틀림없다"라고 말하였다. 그 후부터 1977년에 이르기까지 K. 아이히만과 O. 메케라의 연구팀은 여러 가지 쥐에 대한 항체 생산 능력의 유전상태를 조사하였다. 그 결과로부터 항체의 H사슬의 변이 부위를 지배하는 유전자는 예상대로 많이 있고, 그림 44-1b와 같이 공통 부위의 유전자와는 조금 떨어진 곳에 배열하고 있다는 것을 증명하였다. 만일 이 주장이 사실이라면 분자유전학의 상식이 된 '한 개의 폴리펩티드는 한 개의 유전자를 주형으로 하여 만들어진다'라는 생각이 무너지게 되는 것이다. 이것에 대하여는 다음 장에서 자세히 설명하겠다.

45. 다섯 개의 암호철

지금부터 30년쯤 전부터 유전자의 본체가 DNA라는 것이 알려지고, 유전자를 분자 수준에서 파악하게 되었다. 그리고 그것의 본질이 단백질의 설계도라는 것이 밝혀졌다.

그 결과 유전자의 최소 단위는 단백질을 구성하는 폴리펩티드 한 개의 설계도가 되는 DNA의 암호문이라고 생각하게 되었다. 그리고 그보다 조금 전에 세균유전학에서 다뤄졌던 유전자의 최소 단위인 '시스트론'이라는 이름이 이 암호문을 가리키는 이름으로 되었다. 1955년경의 일이다.

'한 개의 폴리펩티드가 시스트론이라는 이름의 하나의 암호문에 따라 만들어진다.' 여러 가지 생물의 유전자와 단백질 합성을 조사했을 때 이 원칙에 반하는 사례가 발견되지 않아 분자생물학자들은 이 원칙이 고등생물을 포함한 모든 생물에게 적용된다고 생각하고 있었다.

그런데 1970년이 되면서 교배 실험에 의존하는 유전학자들은 항체의 유전자에서 '1시스트론→1폴리펩티드'의 원칙에 분명히 위배되는 데이터를 제공했다. 새로운 학설을 수립한 것이다. 그것은 그때까지 분자유전학에 의해 억눌렸던 교배실험 유전학의 최초의 반격이었다고 할 수 있다.

그림 44-1b의 가설이 옳은지 아닌지는 실제로 항체의 유전자 DNA를 추출하여 그 구조를 조사해 보면 명확하게 파악될 것이다. 바로 그때 DNA재조합 기술이 개발되었기 때문에 특정 유전자를 추출하여 그 양을 측정하고 구조를 조사할 수 있게 되었다.

최초에 이러한 기술을 사용하여 항체유전자의 구조 해명에 도전한 세 사람은 스위스의 면역연구소에서 일하고 있던 일본의 도네가와(利根川進), 미국의 NIH의 레다(Leder), 또 레다의 연구소에 있다가 일본의 도쿄(東京)대학으로 되돌아온 본쇼(本麻依: 오사카대학 교수)이다.

이들의 연구에 의해 1974~1975년 사이에 쥐의 항체유전자의 DNA구조에 관하여 다음과 같은 중대한 사실이 연달아 발견되었다.

① L사슬도 H사슬도 변이 부위의 유전자는 많은 종류가 있지만, 공통 부위의 유전자는 한 개밖에 없었다.

② 생식세포나 항체 생산을 하지 않는 체세포에서는 변이 부위 유전자군과 공통 부위 유전자군이 서로 떨어진 곳에 존재한다. 즉 그림 44-1b의 모식도는 옳았다.

③ 그런데 항체를 생산하고 있는 세포에서는 변이 부위 유전자군 중의 한 개의 변이 부위 유전자와 공통 부위 유전자가 결합하여 있고, 그 세포는 결합된 변이 부위 유전자와 공통 부위 유전자의 암호문을 바탕으로 하고 있다(그림 45-1).

④ 연결된 변이 부위 유전자와 공통 부위 유전자의 암호문 사이에는 단백질의 설계도가 될 수 없을 문장이 약 2,000 뉴클레오티드의 문자로 철해져 있었다. 이것은 보통 단백질의 유전자에서 보이는 개재배열의 일종이었다. 공통 부위의 암호문도 2련(連) 내지 3련의 개재배열에 의해 분할되어 있었다.

⑤ H사슬의 변이 부위용 유전자군의 암호문은 모두 같은 길이가 아니고, 한 개의 H사슬 변이부의 83%의 길이에 해당하는 아미노산 배열의 설계도가 될 만한 긴 암호문군($V_1 \cdot V_2 \cdots \cdots V_l$)과 2%의 길이에 해당하는 아미노산 배열의 설계도가 될 짧은 암호문군($D_1 \cdot D_2 \cdots \cdots D_m$)으로 구성되어 있었다.

⑥ 상상도 못한 일도 발견되었다. 비항체생산세포에서는 H사슬 변이 부위의 길이의 나머지 5% 부분을 관장하는 암호문군($J_1 \cdot J_2 \cdots$ J_n)이 H사슬 공통 부위의 암호문의 바로 가까이에 접하고 있었다 (그림 45-1).

⑦ 항체생산세포에서는 V군, D군, J군의 암호문 중에서 각각 한 개씩을 선택, 결합하여 일련의 변이 부위의 암호문으로 하고 (예를 들면 $V_6 : D_3 : J_2$), 다시 공통 부위의 암호문과 연결하여 H사슬 전체의 유전자로 만들고, 이것을 설계도로 하여 H사슬을 합성하고 있었다.

⑧ L사슬에 대해서도 마찬가지로 V군과 J군의 암호군이 발견되었

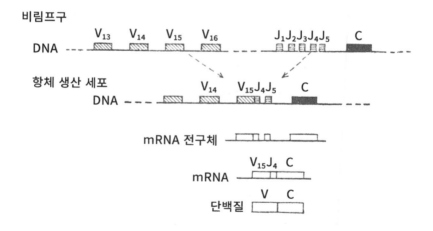

45-1. 변이 부위 유전 정보의 구조

고 각각 한 개 씩을 선택하여 L사슬 변이 부위를 만들고 공통 부위 유전자와 합쳐서 L사슬 유전자를 구성하고 있었다.

⑨ L사슬, H사슬 어느 경우도 연결된 DNA의 암호문대로 전사가 일어나고, 합성된 RNA분자의 개재 배열 부분이 제거되어 mRNA가 된다. 이것을 바탕으로 하여 항체단백질이 합성되게 되어 있었다.

46. 카드 맞추기

앞장에서 말한 연구결과를 총합하면 우리의 모든 체세포의 근원이 되는 생식세포에서는 항체의 H사슬(폴리펩티드) 변이 부위의 설계도가 되는 유전암호문은 셋으로 분할되어 V, D, J의 세 그룹으로 나뉘어 DNA 사슬 위에 배열되어 있다.

V_H군 — $V_1 \cdot V_2 \cdot V_3$ ········· V_l
D_H군 — $D_1 \cdot D_2 \cdot D_3$ ········· D_m
J_H군 — $J_1 \cdot J_2 \cdot J_3$ ········· J_n

생식세포가 분화하여 각종 체세포로 되는 과정의 하나로 림프구가 생기면 림프구 속에서는 유전자의 재조합이 일어난다. 예를 들어 DNA의 중간에 루프가 생기고, 이 루프 부분이 제거되면서 끊어진 끝이 연결되어 짧은 DNA가 만들어진다. 이 때 V군, D군, J군의 암호군으로부터 각각 한 종류씩의 암호문을 골라 연결하여 변이 부위의 암호문을 완성한다. 다시 이 암호문은 공통 부위의 암호문과 연결되어, H사슬의 설계도가 만들어진다.

L사슬 변이 부위의 암호문은 둘로 분할되어 있다.

V_L군 ― $V_1 \cdot V_2 \cdot V_3$ ……… V_p

J_L군 ― $J_1 \cdot J_2 \cdot J_3$ ……… J_q

림프구로 분화하면 앞에서와 같이 DNA의 연결 교환이 일어나(예를 들면 $V_7 \cdot J_3 \cdot$ L사슬 공통 부위와 같은 결합) L사슬의 설계도가 된다.

말하자면, 항체의 변이 부위의 암호문은 H사슬에서는 3장, L사슬에서는 2장의 카드로 나누어 적혀져 $V_H \cdot D_H \cdot J_H$ 및 $V_L \cdot J_L$의 파일에 간직되어 있다고도 말할 수 있다(그림 46-1). 각 파일로부터 한 장

46-1. 5개의 파일

씩 합계 5장의 카드를 골라 공통 부위 카드와 합침으로써 항체의 설계도가 완성된다. 여러 가지 연구 사실로부터 현재는 쥐에서 발견된 각 파일의 카드 수는 대충 다음과 같다고 생각되고 있다.

V_H파일 — 100~300장
D_H파일 — 5장 전후
J_H파일 — 5장
V_L파일 — 100~200장
J_L파일 — 4장

그러므로 이 5종류의 카드의 조합은 적어도

$$100 \times 5 \times 5 \times 100 \times 4 = 1,000,000$$

이 된다. 따라서 이 방법에 의하면 20만 종 내지 100만 종 이상의 항체를 만들 수 있다고 생각된다. 이렇게 자연은 카드를 조합한다는 교묘한 방법으로 적은 정보의 축적을 통해 다양한 항체를 만들고 있었다.

이와 같은 방법으로 항체유전자의 재조합을 일으킨 림프구는 일정한 홈을 가진 항체만을 생산한다. 재조합은 거의 무작위로 일어나므로 체내에서는 각각 다른 항체를 생산하는 능력을 가진 림프구가 몇 개씩 준비되어 있다. 지금 어떤 항원 A가 체내에 들어오면 항A항체를 생산할 수 있는 림프구를 자극하기 때문에 그 림프구는 분열, 증식하여 많은 자손 세포를 만들게 된다. 분열 때에는 이미 항A항체를 생산하도록 재조합된 유전자 DNA가 복제되므로 증식한 림프구는 모두 항A항체를 생산한다. 그 때문에 혈액 속에 항A항체 가 다량으로 방출된다. 항원 B가 들어왔을 때도 마찬가지로 항B항 체 생산세포만이 증식하고, 따라서 그 항체가 대량으로 생산된다.

1978~1980년에 본쇼 등의 연구에 의해, 림프구가 생산해 내는 항체의 종류가 바뀔 적에도 DNA의 재조합이 일어난다는 것이 밝혀졌다.

항원 자극이 없을 때는 각각의 림프구는 특정한 홈을 가진 항체를 조금은 만들고 있지만, 그것은 거의 방출되지 않고 세포막의 표면에 얼굴을 내민 상태에 그친다. 그때의 항체는 세포표면형 IgM 이라는 형의 항체이다. 자신의 항체의 홈에 들어맞는 항원이 들어

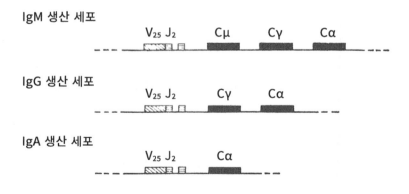

46-2. 변이 부위와 공통 부위의 결합의 변화에 따라 생기는 항체 종류의 변환.

오면 그 림프구는 H사슬 공통 부위의 펩티드가 약간 다른 분비형 IgM을 만들어 세포 밖으로 방출하기 시작한다. 그리고 잠시 후에 IgG형의 항체를, 그 다음은 IgA형의 항체를 합성하여 방출한다. 이들 각 종류의 항체는 공통 부위가 다를 뿐만 아니라, 생체를 방위하기 위한 역할도 약간씩 달라서, IgM은 초기에, IgG와 IgA는 후기에 잘 작용하는 것으로 추정되고 있다.

이들 각각의 항체 공통 부위의 암호는 그림 46-2와 같이 배열되어 있다. 앞에서 말한 방법으로 V, D, J가 결합되면, 먼저 분비형 IgM의 mRNA가 만들어져 그 항체가 합성된다. 분비형 IgM이 만들어질 때는 카드 맞추기와 같은 방법으로 DNA의 재조합이 일어나서 분비형 IgM의 설계도가 만들어진다. 다음에는 IgM의 공통 부위의 DNA가 제거되어 V·D·J가 공통 부위와 연결됨으로써 IgG의 설계도가 만들어지고 IgG가 생산된다. 마지막에는 IgM의 공통 부위 DNA도 제거되어 IgA가 생산된다. 이 동안에 V·D·J의 순서는 변하지 않으므로 같은 특이성을 가진(즉 같은 홈을 가진) 항체형만이 차례차례로 생산되게 된다.

12

세포의 분화와 암

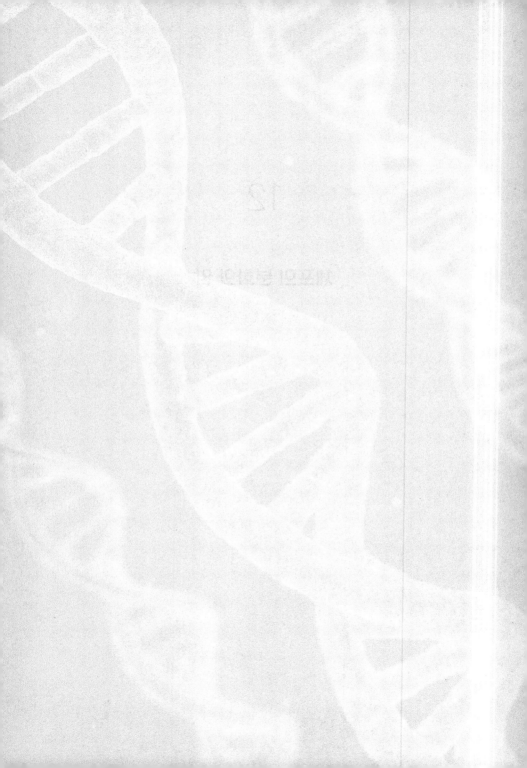

47. 세포의 분화

우리 몸에서 조직의 일부를 떼어 현미경으로 보면 그것은 무수한 세포로 이뤄져 있는 것을 알 수 있다. 일반적으로 세포는 구형에 가까운 형태이고, 중심에 한 개의 둥근 핵을 가지고 있는 것이 보통이다. 그러나 그 외에도 여러 가지 형태가 존재하고 그 기능도 각각 다르다.

피부나 점막의 표층에 있는 섬유세포와 근육세포는 가늘고 길게 펼쳐져 있는 것처럼 보이지만, 근육세포에 신경으로부터의 명령이 전달되면 일제히 수축한다. 그 신경세포는 나뭇가지와 같은 모양의 긴 돌기가 몇 개나 붙어 있어 이것으로 명령을 근육에 전달하거나 신경세포끼리 신호를 보내고 있다.

혈액 속의 적혈구는 몸 구석구석까지 산소를 운반하며, 백혈구는 바삐 돌아다니면서 세포의 틈으로 침입하는 세균이나 박테리아를 먹어 없앤다.

우리 몸 속에는 이렇게 많은 세포가 교묘히 협동하여 몸 전체의 활동을 잘 유지시킨다. 이들 세포는 형태학적 특징으로부터 크게 분류하여도 수백 종류로 나뉘어진다. 그러나 이들 세포는 원래는 수정란이란 한 개의 세포에서 출발하여 변화를 반복하면서 형성된 것이다.

그렇지만 난세포가 분열·증식하여 이와 같은 다양한 세포로 한꺼번에 변화한 것은 결코 아니다. 세포의 변화 상태를 나무 한 그루에 비유하면 난세포는 그 나무의 근본이며 그것이 우선 분열하여 두 종류의 원시적인 세포로 되고, 이 한 개 한 개가 다시 분열하여 다음 단계의 변화를 하는 것이다. 이같이 다른 성질의 것으로 차례로 가지를 치고 가지는 차츰차츰 가늘어진다. 그리고 태어나기 직전에서야 겨우 지금 우리의 체내처럼 여러 종류의 세포가 준비된다.

　　이와 같은 세포의 변화를 '분화'라고 하며 세포 분화의 큰 특징을 몇 가지 들자면 다음과 같다.

① 지금 말한 것처럼 분화는 가지가 갈라져 나가는 것과 같은 방식으로 진행된다. 그것은 원시 생물로부터 다양하게 진화하는 계통 발생(系統發生)과 아주 비슷하다. 예를 들어 적혈구와 백혈구는 같은 선조에서 분화한 몇 대째의 손자가 되며, 그 계보는 그림 47-1에 보인 것과 같다. 그 선조는 골수 속에 살고 있는 '조혈계 간세포(造

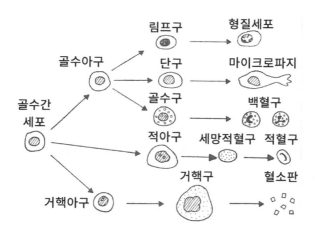

47-1. 조혈계 세포의 분화

血系幹細胞)'이며 이 조상 세포는 우선 적아(赤芽) 세포와 골수아(骨髓芽) 세포로 분화한다. 이 두 세포는 조상과 비슷하기는 하지만 서로가 약간씩 형태나 작용에 있어서 달라지기 시작하고 있다. 골수아 세포는 몇 대를 거쳐오며 차츰차츰 많은 분기(分岐)를 만들어 항체를 생산하는 형질세포와 이물질을 잡아먹는 백혈구를 생산해 낸다. 한편 적아세포는 몇 단계의 분화를 거친 후, 헤모글로빈을 만들어 적혈구로 된다.

② 종의 진화는 돌연변이라는 우발적 요인에 의해 진행되지만, 분화는 진화와 달리 미리 정한 계획에 따라 규칙적으로 진행된다. 예를 들어 적아세포로 된 것은 거대 적아세포, 세망(細網) 적혈구를 거쳐 적혈구로 분화되고, 결코 거대 적아세포가 단번에 비약하여 적혈구가 되는 일은 없다.

③ 분화는 방향성이 있어 원칙적으로는 거꾸로 되돌아가지 못한다. 즉 세망적혈구나 적혈구로 분화한 세포는 결코 간세포(幹細胞: Stem cell)로 돌아갈 수가 없다. 또, 가지를 뛰어넘어 다른 세포가 될 수도 없다. 예를 들어 백혈구가 적혈구로 되는 경우는 없으며, 간세포(肝細胞)가 신경 세포로 변하는 법도 물론 없다.

단순하고 둥그런 미분화 세포가 점점 분화하여 백혈구로 되거나, 또 그것이 다른 가지 가름을 하여 복잡한 돌기를 가진 신경세포가 되거나 하더라도 그들의 핵 속에 포함되어 있는 DNA사슬의 길이나 거기에 쓰여 있는 유전자 암호의 종류가 모두 같다는 것은 여러 가지 분자생물학적 방법에 의해 확인되어 있다(림프구가 항체를 만들기 시작할 때는 앞에서 말한 것처럼 DNA의 일부를 제거해 버리지만, 이것은 분화의 맨 마지막에 일어나는 비교적 드문 경우라 생각되고 있다). 이미 말한 것과 같이 우리 몸을 구성하는 다종다양한 세포 하나하나에는 인간에게 필요한 유전 암호를 모조리 녹음한 카세트 테이프가 한 개 들어 있지만, 백혈구 세포는 백혈구의 작용에 필요한 암호 문장을, 신경세포는 신경의 작용에 필요한 암호문장만을 선택하여 재생하게 되어 있다.

그러므로 분화에 의하여 세포의 성질이 변할 때는 유전자 테이프가 재생되는 장소도 바뀔 것이다. 달리 말하면 세포가 분화해 갈 때는 세포는 DNA사슬의 서로 다른 장소의 유전자를 차례로 발현하여 서로 다른 단백질을 만듦으로써, 세포가 그때까지는 가지고 있지 않았던 기능을 차례차례로 발휘하는 것으로 생각된다.

분화의 각 단계에서 많은 유전자가 발현, 또는 억제되는 것을 생각할 수 있다. 그것이 어떤 메커니즘에 의해 틀림없이 정확하게 진행해 가느냐는 것은 우리에겐 아주 흥미로운 문제이다. 그러나 그 기작을 실험적으로 해명한다는 것은 매우 어려우며 그것에 대하여는 거의 아무것도 모르고 있다.

48. 훌륭한 프로그램

세포 분화의 양상을 살펴보면, 각 세포의 핵 속에 컴퓨터 프로그램과 같은 것이 있어 그에 따라 세포의 분화가 진행되고 있는 듯 보인다.

그림 48-1에 컴퓨터 프로그램의 한 예를 들었다. 프로그램은 DNA의 사슬과 마찬가지로 일련의 기호로 표현되어 있고 전자계산기는 이것을 위에서부터 차례로 읽어가면서 거기에 기록되어 있는 명령에 따라 계산하고 처리해 간다. 그런데 프로그램을 읽는 데는 하나의 흐름만 따라가듯이 해서 되는 것이 아니고, 여기저기로 분기하여 기록된 곳에서 또 다른 곳으로 이동하여 읽거나 본디의 장소로 되돌아가기도 한다. 분기점에서는 그때의 계산값의 상황이나 외부로부터 주어진 수치에 따라 진행이 좌우되도록 되어 있다. 예를 들어 프로그램의 스텝 6번에는 '만일 외부로부터 주어진 수치가

```
     1    INP "TEN=",A
O    2    STAT A
     3    I=X
O    4    A(I)=A(I)+A*1000↑J
     5    J=J+1
O    6    IF A=100 THEN 13
     7    I=INT(A/5)+50
O    8    A(I)=A(I)+1
     9    IF J<4 THEN 1
    10    J=0
O   11    X=X+1
    12    GOTO 1
O   13    H=H+1
    14    GOTO 10
```

48-1. 컴퓨터의 프로그램

100보다 크면 13번 스텝으로 가라, 그렇지 않으면 그대로 7번으로 진행하라'와 같은 명령이 정해져 있다. 9번에는 '만일 J 값이 4보다 작으면 스텝 1번으로 되돌아 가라, 그렇지 않으면 그대로 10번으로 가라'라고 적용돼 있다.

분화의 프로그램에서도 'A와 B 유전자가 발현하여 물질 D가 충분히 축적되면, E유전자를 발현시키고 즉시 A유전자를 폐쇄하라'라는 암호문이 적혀 있는 것이 아닐까?

그렇다면 단계를 좇아 유전자를 발현시키기 위하여는 실제로 어떤 방법이 행해지고 있을까?

A유전자의 발현에 의하여 생산된 단백질A가 B유전자를 발현시키고 그것에 따라 생긴 단백질 B는 C유전자의 발현에 소용된다는 방법이 있다고 한다면, 분화의 정방향성(定方向性)이 설명된다. 또 한 개에서 두 개의 세포가 생길 때 우연히도 어떤 인자를 받아들이는 세포와 받아들이지 않는 세포가 생겨, 그 때문에 두 개의 세포는 각각 다른 방향으로 분화한다는 것으로써 분화의 가지 가름도 설명할 수 있다.

단백질은 고분자물질의 입체구조를 식별하는 데 능숙하다. 예를 들어 항체단백질은 자신의 열쇠 구멍에 맞는 항원을 식별하여 결합한다. 그러나 유전 암호문과 같은 직선구조의 분자들의 차이를 식별하는 데는 서투른 편이다. 그러므로 단백질에 따라 수백만 종이나 되는 유전자 DNA를 제어한다는 것은 어렵다고 생각된다.

세포는 어느 정도 분화하면 그 후의 분화 과정에서는 불필요한 유전자군의 DNA 부분을 다발로 뭉쳐 단단하게 결박하여 그 유

전자가 발현하지 못하게(즉, RNA합성이 일어나지 않도록) 해버린
다. 이런 부분이 이미 말했던 헤테로크로마틴이다. 이와 같은 엉성
한 발현억제에는 히스톤 H1 등 몇 종류의 단백질이 사용되고 있는
듯하다.

　유전자의 섬세한 식별을 위해 사용되는 것이 RNA이다. RNA
는 염기 배열이 자신의 것과 상보적으로 되어 있는 DNA 부분에 특
이적으로 결합할 수 있으므로 적어도 일부의 유전자 제어 역할을
할 가능성이 있다. 뮤러(J. Buhler)는 다음의 가설을 제창하였다(그
림 48-2). 어떤 유전자를 주형으로 하여 한 개의 RNA가 만들어지
면 그것이 둘로 나누어져, 그중의 한 개는 mRNA로서 단백질 합성
에 이용되고, 나머지 것은 그것과 상보배열을 하고 있는 다른 장소
의 DNA와 결합하여 어떤 메커니즘에 의해(그는 그 RNA가 프라이
머(Primer)가 된다고 생각했다) 그 옆에 있는 유전자의 전사(RNA
합성)를 촉진한다. 같은 방법으로 그 전사로 만들어진 RNA도 둘로
나누어져 하나는 mRNA가 되고, 다른 것은 또 다른 유전자를 전사
하게 한다. 이같이 하여, 일정한 순서로 몇 개의 유전자가 발현된다
는 것이다.

　최근에는 이와 비슷한 방법으로 RNA분해 또는 제거(스플라이
싱)의 단계가 조절되고 있다는 예상도 하고 있다.

　예를 들어 브리튼(Roy John Britten, 1919~2012)과 데이빗슨
Eric H. Davidson, 1937~2015) 등은 다음과 같은 가설을 세웠다. 어
떤 유전자의 전사에 의해 만들어진 RNA는 핵 속에서는 불안정하
여, 그대로는 RNA분해 효소에 의해 파괴되어 버리지만, 다른 작은

유전자에 의해 만들어진 소형 RNA가 이 RNA의 한쪽 끝(상보배열 부분)에 결합하면 안정화되어 핵 밖으로 나와 mRNA가 되고 그것이 단백질 합성의 주형으로서 작용한다는 것이다.

라나(M. R. Larner)와 그의 동료들은 핵 안의 RNA와 단백질

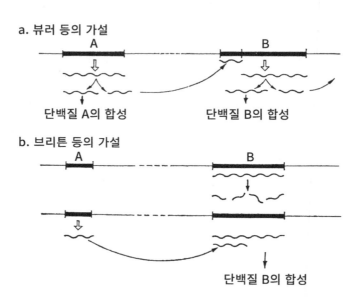

48-2. RNA에 의한 유전자 발현의 조절. (a) A유전자를 주형으로 하여 만들어진 RNA가 둘로 나누어져, 하나는 A단백질의 합성에 사용되고 B유전자와 다른 하나는 결합하여 B의 전사를 촉진한다. B에 의해 만들어진 RNA도 일부는 B단백질의 합성에 이용되지만, 남은 부분은 같은 방법으로 다음 유전자의 전사를 촉진한다. (b) B유전자의 전사에 의해 만들어진 RNA는 불안정하여 분해되기 쉽지만, A유전자의 전사로 만들어진 것은 RNA가 결합하면 안정화하여 B단백질의 합성에 사용된다.

의 결합물질을 조사하다가 100개 정도의 뉴클레오티드로 된 작은 RNA를 발견해 내고 그의 염기 배열이 그림 48-3에 보인 바와 같이 여러 가지 mRNA의 전구체(前驅體: mRNA의 원형이 되는 RNA)와 상보성을 가지고 있다는 것을 발견했다. 라나는 이 소형 RNA는 mRNA전구체의 불필요한 부분(인트론 해당 부분)을 정확한 위치에서 잘라내어 필요한 mRNA를 만드는 데 필요하다고 생각했다. 말하자면 이 소형 RNA는 정확한 스플라이싱을 하기 위한 바른 규

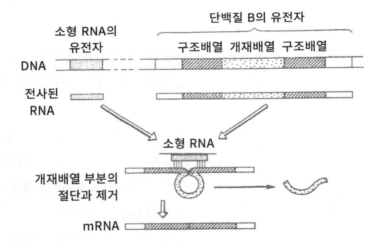

48-3. 핵내의 소형 RNA. DNA를 주형으로 하여 합성된 직후의 RNA에 개재배열 부분도 포함되어 있지만, 곧 그 부분이 잘려 제거되고, 단백질의 주형 부분이 남아 mRNA로 된다. 핵내에 있는 짧은 RNA뉴클레오티드는 그림에서와 같이 상보성이 있으므로, 개재배열 부분을 정확히 잘라 없애는 데 그 역할을 한다고 생각되고 있다.

칙인 셈이다.

그후 이와 비슷한 '소형 RNA'는 여러 종류가 있다는 것이 알려졌고, 더욱이 여러 가지 mRNA전구체의 스플라이싱(205쪽 참조)에 도움을 줄 가능성이 있다는 것이 알려지게 되었다. 이 메커니즘도 일정한 순서의 유전자 발현에 한몫하고 있을 가능성이 충분히 있다.

49. 동물세포의 증식

태어나 성장하여 결혼하고 자식을 낳고, 이윽고 정년에 달하여 언젠가는 죽음을 맞이하는 인생과 같이 각개의 세포에도 생의 흐름이 있다.

세포의 생활 상태가 분열을 위하여 염색체가 나타나는 시기, 즉 분열기와, 염색체가 나타나지 않는 시기인 중간기로 나누어진다는 것은 이미 많이 알려져 있다. 중간기는 다시 DNA복제를 하고 안 하는 것에 따라 G_1기, S기, G_2기로 나누어진다(그림 49-1).

우리 몸의 보통 상태에 있는 세포는 DNA를 복제하지 않고 저마다의 세포 활동을 임의로 해나가고 있다. 이 상태가 G_1기에 해당한다. 앞에서 말한 것처럼, DNA는 크로마틴이라는 비교적 느슨하게 감겨진 형태를 하고 있기 때문에, 핵을 광학현미경으로 관찰해 보아도 그 형태가 확실하게 보이지 않는다. 겨우, 단단히 접혀진 유전자군의 부분만이 '헤테로크로마틴'으로서 짙게 염색되어 보이는 정도이다.

환경의 변화 등으로 세포가 분열할 필요가 생기면, 우선 DNA의 복제가 시작된다. 이 시기를 S기라고 한다. DNA의 복제가 DNA사슬 위의 여러 곳에서 시작되어서부터 DNA사슬의 전체가 복사될 때까지 보통 반나절의 시간이 걸린다.

DNA 복제가 끝난 후 곧이어 세포분열이 일어나는 것이 아니라, 다음의 분열기를 위한 준비 기간을 가진다. 이 시기를 G2기라고 하고, 수 시간 정도 계속된다. 이때, 세포는 염색체 단백질을 준비하여 핵으로 보내어 DNA를 묶을 준비를 한다.

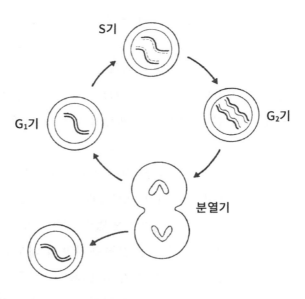

49-1. 동물세포의 분열 주기

이윽고 DNA는 현미경으로 볼 수 있는 염색체라는 다발로 묶여져, 세포의 두 방향으로 각각 떨어져 나간다. 이것을 분열기라 하며, 일반적으로 1~2시간 동안에 끝난다. 염색체가 분배된 세포는 분열하여 두 개로 된다. 다시 염색체가 풀려지고 DNA는 크로마틴 형태로 회복되고, 새로운 세포의 G_1기가 시작된다.

여기서 말한 상황은 시험관 안에서 배양했을 때 계속하여 분열·증식하는 성질을 지닌 특별한 세포의 관찰로부터 추정된 것이지만, 우리 몸의 세포에도 일반적으로 적용된다고 생각하여도 된다.

세포가 G_1기로부터 S기에 들어서면 DNA 합성 효소나 크로마틴을 만들기 위한 히스톤 등 G_1기에는 없었던 단백질이 새로 합성된다. 이에 비하여 각각의 세포가 기능을 발휘하기 위하여 요구되는 단백질 및 그것을 만들기 위한 mRNA 합성은 S기에서부터 분열기로 가면서 점점 저하된다. 분열기에서는 그들의 합성 기능은 휴업을 선포하여 쉬게 되며, 세포는 염색체의 형성과 분배에만 전념하게 된다.

그런데 이 장에서 말하고 싶은 것은 이와 같은 세포의 일련의 변화가 일어나기 위해서도 일정한 프로그램이 있어 그 단계를 좇아 변화가 일어난다는 점이다. G_1기에 있었던 세포가 S기로 접어들면 DNA 합성을 위하여, 앞에서 말한 것처럼 세포의 대사에 큰 변화가 일어나 DNA 합성을 위한 여러 가지 유전자의 전사를 시작하고, 그에 필요한 단백질을 준비한다. 또, 분열기에 들어가기 전에 염색체의 형성과 그것을 분배하기 위한 도구를 미리 준비하지 않으면 안 된다. 아마도 그런 하나하나의 행동을 시작하기 이전에 세포 속에 어떤 신호물질이 만들어져 특정 유전자로 보내어지고, 그곳의 전사가 일어남으로써 필요한 여러 단백질이 준비될 것이다.

제일 먼저 분열, 증식을 시작하게 하는 신호는 어떤 물질에 의해 나타나며, 또 그 발신과 수신은 어떻게 이루어지는가 하는 의문이 생길지 모른다. 그것에 대하여는 약간이긴 하지만 최근에 와서야 밝혀지기 시작했다.

50. 세포증식의 조절

자신의 손을 살펴보자. 여러분의 다섯 손가락과 넓은 손바닥은 아마도 100억 개 정도의 세포로 이루어져 있다. 19개의 손가락뼈와 5개의 손바닥뼈가 중심이 되어 그것에 수많은 작은 근육과 섬유조직인 인대(靭帶) 등이 부착되고, 미세한 혈관과 신경이 달리고 있는데다 또 그 전체를 피부가 덮고 있다. 그들 모두는 세포로 구축되어 있다.

이들 세포는 조금씩 노화하여 죽어버리지만, 새로 만들어진 세포로 보충되기 때문에 원래의 형태, 즉 손의 형태는 언제까지라도 일정하게 유지된다. 어떻게 손이 언제까지나 일정한 손의 형태를 하고 있을 수 있을까? 원래의 형태를 변화시키지 않고 세포를 갱신한다는 것은 아주 신기한 일이다.

기존 형태를 유지할 수 있는 것은 단순히 노화·사멸 속도와 갱신의 속도가 일정하게 균형을 이루고 있기 때문만은 아니다. 일부 세포를 제거하면 그 제거된 만큼만 갱신된다. 손의 표면을 덮고 있는 상피세포라는 것은 편평한 세포인데, 이것도 역시 조금씩 죽어서 표면으로부터 탈락되는 동시에 아래층에 있는 세포가 증식하여 이것을 보충하고 있다. 그뿐만 아니라 피부의 화상이나 찰과상 등으로 말미암아 상피세포의 탈락이 있을 때는 주위의 상피세포가 평소보다 훨씬 빨리 분열·증식하여 상처를 덮고, 상처가 아물게 되면 증식을 멈춘다.

이같이 여러 조직에서는 비교적 다량의 세포가 죽거나 제거되거나 할 때에만 그 근처의 세포가 크게 분열·증식하여 결실 부분을 보충하게 되고, 보충이 끝나면 증식을 정지시킬 만한 어떤 기구가 갖추어져 있기 때문에 이 모든 것이 가능한 것이다. 이 때문에 우리 몸은 언제까지고 일정한 형태, 나아가서는 그 기능을 유지할 수 있게 된다. 각각의 세포는 자기 멋대로 증식하는 일은 없고 늘 주위의 세포와 의논하여 필요한 경우에만 증식하는 듯이 보인다.

그렇다면 세포끼리는 무엇으로 대화를 할까? 일본의 오오사카 대학의 이치가와(市川康夫)교수는 쥐의 복강(腹腔)에서 'M1'이라는 재미있는 세포를 분리하였다. 이 세포는 시험관 안에서 배양하면 특별한 특징이 없는 세포로서 자꾸만 증식하지만, 이 세포가 생쥐의 체내에 주입되면 그 몸 속에서 증식하여 백혈병을 일으킨다(그림 50-1). 그러나 다른 조직이나 세포, 예를 들면 섬유아세포 등을 얼마 동안 배양하여 그 배양액을 M1 세포에 가하면 M1 세포는 증식을 그치고 과립백혈구나 마이크로파지라는 식세포(食細胞)로 분

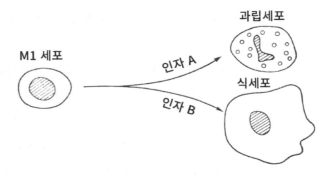

M1 세포

인자 A

인자 B

과립세포

식세포

50-1. 시험관 내에서 분화하는 M1 세포. M1 세포는 평범한 형태를 하며 특별한 기능도 없는 세포로, 시험관 내에서 배양하면 증식이 잘 된다. 그러나 이 세포는 다른 세포가 방출한 G인자라고 하는 단백질 을 주면 증식을 중지하고, 과립백혈구로 분화한다. 또 다른 인자를 주 면 식세포(마이크로파지)로 분화한다.

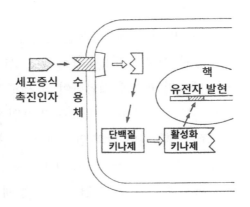

세포증식 촉진인자

수용체

핵
유전자 발현

단백질 키나제

활성화 키나제

50-2. 단백질키나제와 세포분열. 세포 증식 인자가 세포막에 결합하 면 막의 구조가 변화하여 몇 가지 반응 후 세포의 단백질키나제라는 효소가 활성화한다. 이것은 또 몇 가지의 세포 내 반응을 일으키고, 최 후에는 세포의 분열·증식을 위한 유전자의 전사가 일어나 세포의 분 열이 시작된다.

화한다. 이 배양액에는 분자량이 6만 정도나 되는 단백질이 포함되어 있는데, 이것이 세포 증식을 억제하고 분화를 촉진한다는 것이 밝혀졌다. 즉 M1은 '다른 세포가 방출한 세포증식 억제인자를 받았을 때 증식을 멈춘다'는 것이다.

쥐의 M1세포 이외에도 여러 동물이나 인간으로부터 이것과 비슷한 세포가 분리되어 실험한 결과, 이 증식을 억제하는 인자가 발견되고 있다. 아마 우리 몸을 구성하고 있는 세포는 M1 세포증식 억제인자와 같은 물질을 내어 증식을 서로 제어하고 있는 듯싶다. 이 인자가 세포의 어느 곳에 작용하여 증식을 억제하고 있는가는 아직까지 알려지지 않고 있다. 그것은 증식 정지와 동시에 세포분화도 일으키게 하므로 적어도 간접적으로는 유전자의 발현에도 작용을 미치고 있을 것이 틀림없다.

그런데 이 인자와는 반대로 '세포증식을 촉진하는 인자'로서는 여러 가지 호르몬과 항원, 식물성 세포응집소 등이 알려져 있다. 이것들은 각각 특별한 세포의 표면에 결합하여 그 세포의 증식을 촉진시킨다. 예를 들어 항체를 생산하는 림프구의 표면에 항원이 결합하면 세포막의 구조가 변화하여 막의 안쪽에 있는 단백질키나제라는 효소가 활성화된다는 것이 밝혀졌다. 그 때문에 일련의 생화학적 반응이 세포 안에서 일어나고, 그 결과로서 몇 개의 유전자의 전사가 일어나고 DNA의 복제가 시작되어 세포분열이 시작되는 것으로 추정되고 있다(그림 50-2). 성장호르몬이 몸의 세포에 작용할 때에도 거의 같은 메커니즘으로 세포증식의 스위치를 on으로 한다.

처음에 말한 세포증식 억제인자는 이와 같은 일련의 과정 중 어느 단계—아마도 초기 단계—에 작용하여, 그 진행을 정지시키는 것이라고 추정된다. 우리의 세포는 몸 속에서 이런 억제인자를 서로 내어, 무질서한 증식을 저지시키고 있지만 상처 따위로 세포가 파괴되면 그 부근의 억제인자가 파괴되어 증식을 시작하게 되는 것인지도 모른다.

이러한 관점에서 암세포를 보면 그것은, 증식 조절기구의 작용 범위를 이탈한 세포라고 생각된다. 암세포는 어째서 무한정 증식하는 것일까? 증식 억제인자의 수용기가 없어서 그것을 수용하지 못할까? 아니면 그것을 받아도 핵 안으로 암세포가 억제 신호를 전달하지 못하는 등의 결함이 있기 때문에 제멋대로 증식을 계속하는지도 모른다. 최근에는 바이러스로 인한 발암의 메커니즘이 상당 부분 밝혀졌다. 이에 따라 일부 암이나 백혈병에서 어떤 결함으로 인해 병원성 세포가 무제한으로 증식하는지 규명되고 있다. 이것에 대하여는 다음 항목에서 설명하겠다.

51. 암바이러스로 인한 유전자 배열의 변경

'바이러스가 암 유전자를 운반한다'라는 내용을 신문 등에서 읽은 이가 많을 것이다.

바이러스 중에는 '암바이러스'라고 불리는 것이 있는데, 이 바이러스는 동물이나 인간에 감염하여 발암을 촉진한다는 것이 1930년경부터 알려져 있었다. 그 후의 연구에 의하여 이 유전자가 정상

세포에 운반되면, 그 세포가 암세포화하는 것이라고 생각하게 되었다. 더욱이 최근에는 바이러스에 의하여 운반되는 암유전자라는 것은 꼭 암세포 특유의 유전자가 아니고, 정상 세포에도 존재하는 유전자라는 것이 판명되었다. 암바이러스는 그러한 유전자의 운반자일 뿐만 아니라 경우에 따라서는 정상유전자 가까이로 끼어들거나 그 유전자를 끌어내기 위해 세포를 암세포화시키기도 한다.

암을 유발하는 바이러스는 많이 있는데, 이들 중에는 DNA를 유전자로 하는 바이러스도, RNA를 유전자로 하는 바이러스도 포함되어 있다. RNA바이러스 중 '레트로바이러스군'은 전부터 여러 가지 동물체에서 발암 원인으로 높은 확률로 작용한다고 알려졌다. 이 바이러스의 증식 방법은 특이하다. 세포에 감염하면 자신의 RNA에 기록된 암호문을 일단 DNA로 바꾸어 전사한다. 이 DNA를 주형으로 하여 다수의 바이러스 RNA와 바이러스 단백질을 위한 mRNA를 만든다. 이런 정도라면 기껏 세포에 장애를 줄 정도로 끝나지만 자칫하면 여기에서 만들어진 DNA는 세포의 DNA에 삽입되기 쉽다. 그래서 전에 말한 '운반 바이러스'의 DNA와 같이 바이러스 DNA가 세포의 DNA의 일부로 되어 버려 자자손손에 걸쳐 전달된다.

높은 빈도로 암을 일으키는 이런 종류의 바이러스가 만드는 DNA에는 다음과 같은 유전자가 배열되어 있다는 것이 미국의 록필러대학의 하나부사(花房) 연구자 부부를 비롯한 많은 이의 연구로 밝혀졌다.

51-1. 바이러스에 의해 암화된 세포. 위는 정상세포의 전자현미경 사진. 아래는 아데노바이러스의 일종이 감염하여 암화된 세포.

51-2. 바이러스의 발암 유전자. 생쥐의 유암이나 종양을 유발하는 바이러스의 발암 유전자 DNA의 뉴클레오티드 염기(ATGC)가 나타나 있다. 203번째부터 1,324번째까지의 염기는 발암 단백질의 주형이므로, 코드된 아미노산(암호)이 그 위에 적혀 있다. 수평의 화살표로 표시한 범위는 정상 생쥐 세포 DNA 위에도 있는 염기 배열이다.

```
  1   GGCCCCCATGGCCTCACCCCATATGAGATCTTATGTGGGGCACCCCCGCCCCTTGTAAACTTCCCTGACCCTGACATGACAAGAGTTACTAACAGCCCCT

101   CTCTCCAAGCTCACATACAGGCTCTCTACTTAGTCCAGCACGAACTCTGCAGACCTCTGGCGGCAGCCTACCAAGAACAACTGCACCATCCTCTAGACTG

               1                                          11                    (thr)              21
            met ala his ser thr pro cys ser gln thr ser leu ala val pro asn his phe ser leu val ser his val
201   AC   ATG GCG CAT TCA ACT CCA TGC TCC CAA ACT TCC CTG GCT GTT CCT AAT CAT TTC TCC CTA GTG TCT CAT GTG
                                        C

               31                                         41
            thr val pro ser glu gly val met pro ser pro leu ser leu cys arg tyr leu pro arg glu leu ser pro ser
275   ACT GTC CCA TCT GAC GGT GTA ATG CCT TCG CCT CTA AGC CTG TGT CGC TAC CTC CCT CGT GAG CTG TCG CCA TCG

           (val) 51                                       61                                      71
            val asp ser arg ser cys ser ile pro leu val ala pro arg lys ala gly lys leu phe leu gly thr thr pro
350   GTA GAC TCG CGG TCC TGC AGC ATT CCT TTG GTG GCC CCG AGG AAG GCA GGG AAG CTC TTC CTC GGG ACC ACT CCT
          G

               81                                         91
            pro arg ala pro gly leu pro arg arg leu ala trp phe ser ile asp trp glu gln val cys leu met his arg
425   CCT CGG GCT CCC GCA CTG CCA CGC CGG CTG GCC TGG TTC TCC ATA GAC TGG GAA CAG GTA TGT CTG ATG CAT AGG

               101                           (tyr)   111                                 121
            leu gly ser gly gly phe gly ser val tyr lys ala thr tyr his gly val pro val ala ile lys gln val asn
500   CTG GGC TCT GGA GGG TTT GGC TCG GTG TAC AAA GCC ACT TAC CAC GGT GTT CCT GTG GCC ATC AAG CAA GTA AAC
                                                T

               (lys)    131                                 141                          (arg)
            lys cys thr glu asp leu arg ala ser gln arg ser phe trp ala glu leu asn ile ala gly leu arg his asp
575   AAG TGC ACC GAG GAC CTA CGT GCA TCC CAG CGG AGT TTC TGG GCT GAA CTG AAC ATT GCA GGT CTA CGC CAC GAC
                    A                                                                A

               151                                        161                              171
            asn ile val arg val val ala ala ser thr arg pro glu asp ser asn ser leu gly thr ile ile met glu
650   AAC ATA GTT CGG GTT GTG GCT GCC AGC ACG CGC ACG CCC GAA GAC TCC AAC AGC CTA GGT ACC ATA ATC ATG GAG

               181                                        191
            phe gly gly asn val thr leu his gln val ile tyr asp ala thr arg ser pro glu pro leu ser cys arg lys
725   TTT GGG GGC AAC GTG ACT CTA CAC CAA GTC ATC TAC GAT GCC ACC CGC TCA CCG GAG CCT CTC AGC TGC AGA AAA

               201                                        211                                221
            gln leu ser leu gly lys cys leu lys tyr ser leu asp val val asn gly leu leu phe leu his ser gln ser
800   CAA CTA AGT TTG GGG AAG TGC CTC AAG TAT TCC CTA GAT GTT GTT AAC GGC CTG CTT TTT CTC CAC TCA CAA AGC

               231                                        241
            ile leu his leu asp leu lys pro ala asn ile leu ile ser glu gln asp val cys lys ile ser asp phe gly
875   ATT TTG CAC TTG GAC CTG AAG CCA GCG AAC ATT TTG ATT AGT GAG CAG GAC GTT TGT AAG ATC AGT GAC TTC GGC

               251                                        261                                    271
            cys ser gln lys leu gln asp leu arg asp arg gln ala ser pro pro his ile gly gly thr tyr thr his gln
950   TGC TCC CAG AAG CTG CAG GAT CTG CGG GAC CGG CAG GGC TCC CCT CCC ACA ATA GGG GGC ACG TAC ACG CAC CAA

               281                                        291
            ala pro glu ile leu lys gly glu ile ala thr pro lys ala asp ile tyr ser phe gly ile thr leu trp gln
1025  GCT CCG GAG ATC CTA AAA GGA GAG ATT GCC ACG CCC AAA GCT GAC ATC TAC TCT TTT GGA ATC ACC CTG TGG CAG

           (thr) (arg)                                    311                  (val)       321       (arg)
            met thr thr arg glu val pro tyr ser gly glu pro asp tyr val gln tyr ala val val ala tyr asn leu arg
1100  ATG ACT ACC AGA GAG GTG CCT TAC TCC GGC GAA CCT GAC TAC GTC CAG TAT GCA GTG GTA GCC TAC AAT CTG CGT
              C   C                                                            T                      C

               331                                       (thr)341
            pro ser leu ala gly ala val phe thr ala ser leu his gly lys ala leu gln asn ile ile gln ser cys trp
1175  CCC TCA CTG GCA GGA GCG GTG TTC ACC GCC TCC CTG CAC GGA AAG GCA CTG CAG AAC ATC ATC CAG AGC TGC TGG
                                                                       A

               351   (ala)                 (gly)         361                          371(ala)
            glu ala arg gly leu gln arg pro ser ala glu leu leu gln arg asp leu lys ala phe arg gly thr leu gly
1250  GAG GCC CGC GGC CTG CAG AGG CCG AGT GCA GAA CTG CTC CAA AGG GAC CTC AAG GCT TTC CGA GGG ACA CTA GGC
                    C                      G                                               G

          OP
1325  TGA   CTCCATCGAGCCAGTGTAGAGATAAGCTTTTGTTTCTGTTTATTTTTTATGGGACCCCTTATTGTACTCCTAATGATTTTGCTCTTCGGACCC

1421  TGCATTCTTAATCGATTAGTCCAATTTGTTAAAGACAGGATATCAGTGGTCCAGGCTCTAGCTTTGACTCAACAATATCACCAGCTGAAGCCTATAGAGT

1521  ACGAGCCATAGTTAAAATAAAAGATTT
```

262

① '다음 번의 유전자를 우선적으로 읽어 RNA를 합성하라'라
　 는 암호문
② 바이러스의 외피(外被) 단백질의 유전자와 핵산 합성효소
　 의 유전자
③ 단백질키나제의 유전자

이 중 ①의 암호문과 ②의 유전자는 대부분의 바이러스가 가지고
있으므로 암바이러스 특유의 것은 아니다. ①의 암호문은 세포 안
으로 들어온 바이러스의 설계도를 우선적으로 읽게 하여 세포의
RNA 합성 효소 등을 그쪽으로 끌어당기기 위한 것이다. ②의 유전
자는 바이러스 단백질을 만들기 위한 것으로 바이러스에 있어서는
제일 중요한 것이다.

　　그런데 ③의 유전자는 이런 종류의 암바이러스만이 가지고 있
는 유전자로서, 바이러스의 감염 능력에 특별히 필요한 것은 아니
다. 즉 이것은 정상 세포에도 존재하는 유전자라는 것이 최근에 밝
혀졌다(그림 51-2). 그러므로 아마도 바이러스가 감염을 반복하
고 있는 동안에 정상 세포 유전자의 일부를 가지고 간 것으로 생각
된다.

　　단백질키나제는 앞에서도 말한 것처럼, 세포 안의 단백질을
인산화시켜 일련의 생화학적 반응을 촉진하고 그 결과 핵 안의 여
러 가지 유전자를 발현시키며, 동시에 세포 증식을 촉진하는 효소
이다. 말하자면 단백질키나제는 세포 분열의 방아쇠인 것이다. 그
러므로 정상세포에서는 이 효소의 대량 생산을 막기 위해 이 유전

자에는 엄중한 자물쇠가 채워져 있고, 필요한 때에만 발현하게 되어 있다.

그런데 ①의 암호문과 ③의 유전자를 갖춘 바이러스가 감염하여 그 RNA를 주형으로 하여 DNA가 만들어지면 (114쪽 참조), ①의 암호문에 의해 ③의 유전자의 전사(mRNA 합성)가 강력히 추진되므로, 이 세포는 단백질키나제를 왕성하게 생산하게 된다(그림 51-3a). 그 때문에 세포는 힘차게 증식되며 그칠 줄 모르는 상태가 된다. 이것이 이 바이러스에 의한 발암 원인이라는 것이 최근 연구에 의해 알려졌다.

그러나 발암성 레트로바이러스의 한 무리이면서도 단백질키나제의 유전자가 없는 것이 발견되었다. 생쥐에 감염시키면 백혈병을 일으키는 바이러스가 이 종에 속한다. 인간에게 발생하는 백혈병의 일부는 이 바이러스로 인해 일어나고 있다고 추정되고 있다. 이 바이러스는 ①의 암호문과 ②의 유전자가 갖추어져 있고, ③의 유전자가 없는데도 불구하고 낮은 빈도이면서도 확실히 암을 유발시킨다. 이것은 앞에서 설명했던 것과는 모순되는 것이었다. 그렇지만 1981년에 이 바이러스가 다음과 같은 방법으로 발암시킨다는 것이 미국의 바머스(Harold E. Varmus, 1939~) 그룹과 헤이워드 (W. S. Hayward) 등에 의해 어느 정도 설명되게 되었다.

즉 레트로바이러스가 만든 DNA는 세포 DNA의 몇 군데에 무작위로 삽입되는 성질이 있다. 그런데 가끔 세포의 단백질키나제 유전자 옆에 삽입되는 경우도 있다. 이럴 때 바이러스 유전자 다음에는 세포의 단백질키나제의 유전자가 있으므로 '다음 번의 유전자

a. 암유전자를 가지고 있는 암바이러스

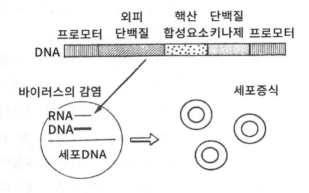

b. 암유전자를 가지지 않는 암바이러스

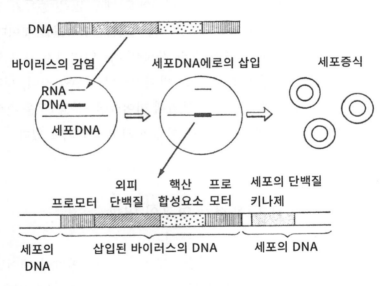

51-3. 암바이러스에 의한 세포유전자의 활성화

를 우선적으로 읽으라'는 지시에 따라 그것을 읽고 전사할 것이다. 이에 따라 전과 마찬가지로 단백질키나제가 많이 생산되고 세포가 자꾸 증식한다고 그들은 생각한다.(그림 51-3)

정상 세포에서는 세포분열을 일으키기 위한 유전자군이 멋대로 발현되지 않도록 몇 겹으로나 억제장치가 마련되어 있을 것이 틀림 없다. 말하자면 그 유전자 DNA 부근에는 억제인자와 결합하는 부위가 있을 것이다. 그러나 '다음 번의 유전자를 우선적으로 읽으라'는 암호문이 기록된 바이러스 DNA가 세포의 억제인자 결합부위와 세포분열 유전자 사이에 끼어들면, 세포의 억제기구가 작용하지 않게 된다. 이에 따라 끝없는 세포분열이 일어날 것이다.

DNA를 유전자로 하는 암바이러스에도 매우 많은 종류가 있다. 그 각각은 여러 가지 방법으로 세포를 암화시키고 있을 것이다. 그 발암기작에 대하여는 아직 그리 자세하게는 알려지지 않고 있으나, 그중 한 가지 방법으로 레트로바이러스의 경우와 같이, 세포분열용 유전자를 억제하는 DNA 부위에 끼어들어 억제기구를 혼란시켜 무제한 증식을 해버리는 것이 아닐까 하고 추측되고 있다.

52. 유전자 연구의 영향

왜 인간의 자식은 인간이고, 원숭이에게서는 원숭이만이 태어날까 하는 의문에 대답하려 한 사람들은 멘델(Gregor Mendel, 1822~1884)과 그 이후 19세기에서부터 20세기 초에 걸쳐 활약한 유전학자들이었다.

그들은 생물 속에 유전자라는 특별한 '인자'가 있어, 이것이 부모로부터 자손에게 전달되기 때문이라고 설명했다. 그 후, 세포의 미세한 형태가 관찰되어 염색체가 유전자의 역할을 담당한다는 것이 알려지게 되었다. 그러나 유전자는 여전히 유전의 인자인 것에는 변함이 없었으나 그 본래의 모습은 분명하지 않았다. 유전자가 DNA라는 길다란 분자구조 위에 써넣어진 '암호'에 따라 발현된다는 것이 밝혀진 것은, 1940년 대의 후반기에 분자생물학자들의 활약이 시작되면서부터이다. 그리고 세포의 여러 가지 성질이 이 DNA의 뉴클레오티드 배열의 순서 여부에 따라 나타난다는 메커니즘도 분자의 생성과 작용의 수준에서 구체적으로 파악되었다. 유전자는 단순히 추상적인 기호가 아니게 되었다.

이와 같이 유전자의 실태가 알려짐으로써 농업과 의학이 진보하여 유전학은 인간 생활의 향상에 크게 공헌하게 되었지만, 그와 동시에 유전자과학의 진보는 인류의 문명에 여러 가지 다른 영향도 미치게 되었다. 그중의 하나는 우리의 생명관, 나아가서는 자연관에까지도 큰 영향을 미치고 있는 점이다.

최근의 우주과학의 진보는 눈부시며, 현대물리학과 더불어 우리의 자연관과 우주관을 근본부터 바꿔놓고 있다. 이미 우주는 우주과학자들의 전문 분야만은 아니다. 관측용 인공위성을 태양계의 별들에 보내어, 실제로 그것들을 조사할 수 있게 되면서 전문가가 아닌 이들도 우주에 현실감을 가지고 다가서게 되었다. 이런 점에서는, 산업에까지 영향을 끼쳐 현실감을 수반하여 생명관의 변혁을 강요하게 된 유전자과학도 우주과학과 비슷하다고 말할 수 있겠다.

더욱이 유전자 과학은 우리 인간의 내부를 알기 위한 것이며 또 유전자 조작이라는 기술에 의하여 생물, 나아가서는 '우리 자신의 존재를 좌우할 가능성'을 가지기 시작했으므로 다른 과학보다도 더욱 현실적으로 우리의 자연관에 영향을 미치려 하고 있다.

유전자 과학의 성과는 특히 의학이나 의료에 대해 크게 기여하기 시작했다. 유전자 산업의 주요 목적도 의료용 약품과 백신 등의 생물제제(生物製齊)를 만드는 일이다. 유전자의 연구는 이와 같이 의료를 통하여 인간의 생존 그 자체에 직접적인 영향력을 미치는 단계에 들어섰다.

멘델로 시작된 유전학은 지극히 목가적인 분위기 속에서 태어나 천천히 긴 세월을 거쳐 성장해 왔다. 20세기 전반까지, 유전학이 기초생물학의 한 분야였던 시대에는 유전학은 기껏 농업에 응용되는 데 그쳤었다. 인간에게 직접 영향을 미치게 된 지금, 유전학은 기술적으로 연구되어 의료 산업을 비롯해서 여러 가지 산업에 이용되고 있다. 그 결과로 다음에 말하려는 것처럼 자연의 인공화에 박차를 가할 가능성도 생겼다.

유전자 공학의 실현은 '자연이 하는 일'을 '인간이 대신하는 것'으로 말미암아 인간의 힘이 생물의 존재를 크게 좌우하도록 바꿔놓았다. 인간에게 가장 가까운 자연의 인공화가 시작된 것이다.

보다 고도의 물질 문명을 추구하려는 욕망에 제동을 걸지 않는 한 자연의 개조, 파괴는 그칠 줄 모를 것이라는 위기감이 인식되어 최근에는 자연보호의 기운이 해를 거듭할수록 강해지고 있다. 그래서 산과 들의 푸르름을 보호하고 곤충을 보호하려는 운동이 시작되었다.

그러나 우리와 아주 가까운 자연인 고등생물이나 인간 자체를 '가공한다'는 문제에 대해서는 아직 그다지 관심이 없다 해도 좋을 듯싶다.

특히, 인간 자체의 비자연화를 억제하는 것은 '의료계의 요구'와 상반되기 때문에 불가능에 가깝다. 물질적 풍요를 포기한다는 것은 말하기는 쉬워도 실행하기는 어려운 일이다. 다만, 의식주와 교통의 사치는 사회적인 합의에 의해 억제될 수도 있다. 그러나 건강에 관한 한, 사람들의 욕구를 억제한다는 것은 그리 간단한 문제가 되지 않는다. 누구라도 되도록 병을 피해서 장수하고 인생을 즐

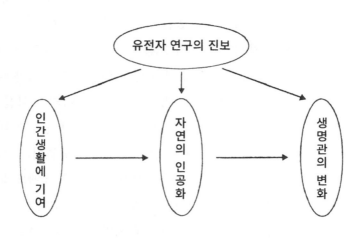

52-1. 유전자 연구 성과의 영향

기고 싶다는 욕망을 가지고 있다. 쉽사리 억제할 수 없는 마음이다. 따라서 의료 향상의 속도를 억제한다는 것은 쉬운 일이 아니다. 유전자 공학이 지금까지 치료할 수 없었던 병의 치료 방법을 찾아낼 가능성이 있다고 하면, 인류는 그 기술의 개발에 최대의 노력을 기울이게 될 것이다.

지금 지구 위에서 널리 일어나고 있는 인공화 현상은 '생물진화의 법칙으로 보아 당연한 추세이다'라고 받아들일 수도 있다. 즉 수십 억 년 전에 원시생물이 발생하여 진화를 거듭함에 따라 인류라는 정신과 기술이 고도로 발달한 생물이 나타났다. 그리고 그 생물은 주위의 동식물에 영향을 미치면서 지상의 생물계 전체를 개조해 갔다. 인류가 농경을 알았을 때부터 개조가 시작되었던 것이다. 그와 같은 인류의 출현과 그것에 의한 다른 생물의 변혁 자체가 자연의 추세라고 보는 것이다. 그것은 어쩌면 우주의 지구 외의 어느 별에서도 반복하여 일어나고 있는 현상일지도 모른다.

인류라는 생물 자체도 진화의 흐름 속에 있다. 인류의 조상형에서부터 현대형으로의 유전적 성질의 변화 여부는 기껏해야 뼈의 형태 변천 연구로써 파악되고 있을 뿐이지만, 골격 이외의 성질, 예를 들어 혈액형이나 세포 효소의 성질 등을 100만 년 전후를 비교할 수 있다면 아마도 상당한 변화가 인정될 것이 틀림없다. 인류는 미래 100만 년 사이에는 더욱 진화할 것이다. 아니 현재에도 눈에 보이지 않는 진화가 차근차근 진행되고 있다고 할 수 있다.

우리는 세균이나 바이러스의 DNA에 배열된 유전자군을 더욱 자세히 볼 수 있게 되었다. 그것들이 분리하거나 재조합하거나 다른 장소로 이동한다는 것도 알았다. 그리고 지구 위의 세균과 바이러스의 종류도 해마다 변화해 간다는 것도 알았다. 포유동물이나 인간의 DNA에도 '이동하기 쉬운 구조의 유전자'가 많이 있다는 것도 역시 알게 되었다. 인류라는 생물군에 시간 경과적인 변화가 일어나더라도 그것은 당연하다고 생각된다. 그렇다면 그것은 과연 어떤 방향으로 향하고 있을까?

일본의 다찌가와(立川限二)라는 사람이 지은 '일본인의 병력(病歷)'이라는 책을 읽어 보면, 바로 100년 전까지의 일본 사람이 엄격한 자연의 시련을 이겨내고 생존해 왔다는 것을 새삼스럽게 생각하게 된다. 일본뿐만 아니라 전 세계의 모든 인간이 지금부터 100년 내지 200년쯤 사이에 자연의 원시적인 도태력에서 벗어나 '인간이 만든 환경 속에서 연명하는 일을 해 왔다.' 그 환경은 현대식 빌딩과 에어컨, 청결한 영양식에 의해 원시의 자연으로부터 점점 더 확실하게 격리되게 되었다. 일찍이는 신생아의 태반이 선천적인 허약성, 즉 유전자의 불완전성 때문에 또 자연도태에 의하여 죽게 되고 그들 가운데서 사람만이 다음 세대의 번식을 담당해 왔다. 현대에는 불완전 유전자를 가진 신생아도 따뜻한 의료보호 아래 성장하며, 인공환경의 공간으로 피하여 다음 세대를 만든다. 유전자공학은 이러한 경향에 박차를 가하고 있다. 그것은 옛날이라면 자연도태라는 거친 현상에 제거될 운명에 있었던 것을 구원하여, 인공환경 속에서 살아남게 만들어 버린다.

한편 이같이 하여 원시 자연의 도태력에서 벗어난 인간은, 현대사회의 여러 요인으로 도태될는지도 모른다. 원시상태와는 거리가 먼 기계적인 환경을 이겨내고 눈부신 기능사회에 적응할 수 있는 지적인 민첩성을 지니는 사람만이 '적자(適者)'로서 살아남는 경향은 없을까?

바야흐로 인간을 그와 같은 생물집단으로서 냉철히 돌이켜 볼 필요가 있지 않을까?